新型工业化·新计算·计算机学科系列

数据结构课程设计
——C语言描述

（第 **3** 版）（微课版）

阮宏一　鲁静/主　编

宋婉娟　张琪　张绪辉/副主编

U0268351

电子工业出版社·

Publishing House of Electronics Industry

北京·BEIJING

内 容 简 介

本书是一本配合"数据结构"课程学习的实验教材，是作者在总结多年讲授数据结构课程及指导学生上机实践经验的基础上编写而成的。本书算法全部使用 C 语言描述，可以与采用 C 语言进行算法描述的"数据结构"教材配套使用。书中示例应用程序的演示过程，全部可以通过书中的微视频进行观看。

全书共 10 章，基本按照"数据结构"教材内容的先后给出了相关的课程设计用例及题选，它们是对"数据结构"课程内容的进一步应用和深化。全书主要章节由本章知识要点、应用设计实例以及课程设计题选三部分组成，所有应用实例的算法均在 Microsoft Visual C++ 6.0 环境下测试通过。作者力求通过各章典型应用的研究帮助学生深入学习、掌握并灵活应用数据结构的知识。本书应用程序源代码可以在华信教育资源网（www.hxedu.com.cn）免费注册下载。

本书适合作为高等学校计算机及相关专业"数据结构课程设计"的教材，也可作为学生自学数据结构设计的辅助教材或软件开发者的参考书。

图书在版编目（CIP）数据

数据结构课程设计：C 语言描述：微课版/阮宏一，鲁静主编. —3 版. —北京：电子工业出版社，2022.9
ISBN 978-7-121-44168-4

Ⅰ．①数… Ⅱ．①阮… ②鲁… Ⅲ．①数据结构－课程设计－高等学校－教材 ②C 语言－程序设计－高等学校－教材 Ⅳ．①TP311.12 ②TP312.8

中国版本图书馆 CIP 数据核字（2022）第 150946 号

责任编辑：戴晨辰
印　　刷：天津千鹤文化传播有限公司
装　　订：天津千鹤文化传播有限公司
出版发行：电子工业出版社
　　　　　北京市海淀区万寿路 173 信箱　　邮编：100036
开　　本：787×1092　1/16　印张：14.5　字数：380.5 千字
版　　次：2011 年 1 月第 1 版
　　　　　2022 年 9 月第 3 版
印　　次：2024 年 12 月第 6 次印刷
定　　价：56.00 元

凡所购买电子工业出版社图书有缺损问题，请向购买书店调换。若书店售缺，请与本社发行部联系，联系及邮购电话：（010）88254888，88258888。

质量投诉请发邮件至 zlts@phei.com.cn，盗版侵权举报请发邮件至 dbqq@phei.com.cn。

本书咨询联系方式：dcc@phei.com.cn。

前　言

　　数据结构是计算机程序设计的重要理论技术基础，"数据结构"课程对计算机学科具有承前启后的地位和作用，也是计算机科学与技术人才素质培养框架中的中坚课程。由于该课程一般在大学一年级或二年级开设，要学生很好地理解和掌握数据结构的理论、相关算法及其应用往往比较困难。鉴于此，我们编写了此书，旨在帮助读者进一步巩固和提升对数据结构知识的掌握和应用，为后续专业课程的学习打下牢固的基础。

　　本书内容安排与"数据结构"课程主教材的各个章节相对应，精心挑选出十多个实际应用问题，并通过应用程序的设计、开发与实现过程，引导学生举一反三、触类旁通，一步步地掌握应用知识解决复杂问题的能力。本书是在作者多年指导学生完成"数据结构实验"课程的经验基础上编写而成的，力求思路清晰、概念准确、算法精湛、格式规范、典型实用。所有算法采用 C 语言描述并实现，全部算法均在 Microsoft Visual C++ 6.0 环境下测试通过。

　　全书共 10 章，第 1 章概述课程设计的目的和要求等；第 2 章至第 7 章分别讨论了线性表，栈、队列，串结构，多维数组、矩阵、广义表，树，图结构等应用；第 8 章和第 9 章分别讨论了动态存储管理、查找、排序及文件操作的应用；第 10 章对应用程序主界面的常用设计方法进行了介绍。

　　书中第 2 章至第 9 章是本书的重点。其中各章的内容由以下三部分组成。

　　第 1 部分是本章知识要点。包括数据结构的定义、常用存储方法及经典算法提示等。

　　第 2 部分是应用设计实例。从设计要求、概要设计、模块设计、详细设计到测试分析等，按照应用设计开发的全过程进行编写，并对源程序进行了详细注释。希望能够起到抛砖引玉的作用，以引来读者更多、更优良的设计范例。

　　第 3 部分是课程设计题选。题选由问题描述、基本要求、实现提示等内容组成，希望读者在学习之余能自己练习提高。

　　本书在第 2 版教材的基础上，增加了示例应用程序的演示过程视频，读者通过扫描对应的二维码即可观看。另外，对"课程设计题选"部分进行进一步优化和补充。

　　本书由阮宏一、鲁静主编，并负责全书的总体策划与统稿；其中第 1 章～第 3 章、第 7 章、第 9 章由阮宏一、张绪辉编写；第 4 章～第 6 章、第 8 章、第 10 章由鲁静、宋婉娟、张琪编写；应用程序演示过程的视频由阮宏一、鲁静完成；并由阮宏一完成文稿最后的修订及定稿工作。

　　本书适合作为高等学校计算机科学与技术专业及相关专业"数据结构课程设计"的教材，也可以作为学生自学"数据结构"课程的辅助教材或软件开发者的参考书。

　　本书应用程序源代码可在华信教育资源网（www.hxedu.com.cn）免费注册下载。

　　由于时间仓促及作者水平有限，书中难免存在欠妥和疏漏之处，敬请广大读者批评指正。编者 E-mail：hyyh001@126.com。

编　者

本书微课视频目录

序　号	文　件　名	视频所在章
1	学生通讯录管理系统	第 2 章
2	航空客运订票系统	第 2 章
3	表达式求值问题	第 3 章
4	银行排队系统	第 3 章
5	串基本操作演示系统	第 4 章
6	文学研究助手系统	第 4 章
7	稀疏矩阵运算器	第 5 章
8	广义表基本操作演示系统	第 5 章
9	二叉树基本操作程序	第 6 章
10	哈夫曼树	第 6 章
11	校园导游程序	第 7 章
12	模拟动态存储管理演示系统	第 8 章
13	航班信息查询与检索系统	第 8 章
14	二叉排序树与文件操作	第 9 章

目　录

第 1 章　课程设计概述

根据"数据结构"课程本身的技术特性，设置"数据结构课程设计"实践环节十分重要。它比课堂教学实验复杂一些，涉及的深度与广度有所区别而且更加实用。其主要目的是通过课程设计的综合训练，提高学生分析问题、解决问题及编写程序的能力。本章从课程设计的地位与作用、目标与要求、设计步骤及实验报告规范等方面进行阐述。

1.1　课程设计的地位与作用

"数据结构"是计算机专业一门重要的专业基础课程，是计算机专业的一门核心课程。该课程较系统地介绍了软件设计中常用的数据结构以及相应的存储结构和实现算法，介绍了常用的多种查找和排序技术，并做了性能分析和比较，内容非常丰富。该课程的学习将为学生后续课程的学习以及软件设计水平的提高打下良好的基础。由于以下原因，使得掌握这门课程具有较大的难度：①内容丰富，学习量大，给学习带来困难；②贯穿全书的动态链表存储结构和递归技术是学习中的重点也是难点；③所涉及的技术多，而在此之前的各门课程中所介绍的专业性知识又不够，因而加大了学习难度；④隐含在各部分的技术和方法丰富，也是学习的重点和难点。

由于"数据结构"课程具有上述特点和难点，所以，后续课程"数据结构课程设计"的设置十分必要。为了帮助学生更好地巩固和掌握"数据结构"课程的精髓，理解和掌握算法设计所需的技术，为整个专业学习打好基础，要求学生能够运用所学知识，上机解决一些典型问题，通过分析、设计、编码、调试等各环节的训练，使学生深刻理解、牢固掌握所用到的一些技术。在数据结构稍微复杂一些的算法设计中可能同时要用到多种技术和方法，如算法设计的构思方法、动态链表、算法的编码、递归技术、与特定问题相关的技术等，这都需要在"数据结构课程设计"课程中，锻炼学生在掌握基本算法的基础上，进一步提高分析和解决实际问题的能力。

1.2　课程设计的目标与要求

上机实践是对学生的一种全面综合训练，是与课堂学习、自学和练习相辅相成的必不可少的一个教学环节。较大的课程设计题选比平时的习题复杂得多，也更接近实际。实践着眼于原理与应用的结合，使学生学会如何把书本上学到的知识用于解决实际问题，培养软件设计所需的动手能力。实践还能使书上的知识变"活"，达到深化理解和灵活掌握教学内容的目的。平时的练习较偏重于如何编写功能单一的"小"算法，而课程设计题选是软件设计的综合训练，包括实际问题分析、总体结构设计、用户界面设计、程序设计基本技能和技巧等。此外，多人合作，并进行整套软件工作规范的训练和科学作风的培养也是开设课程设计课程的目的。本课程设计的目标就是要达到理论与实际应用相结合，提高学生组织数据及编写大型程序的能力，并培养基本的、良好的程序设计技能以及团队合作能力。

设计中要求综合运用所学知识，上机解决一些与实际应用结合紧密的、规模较大的问题，通过分析、设计、编码、调试等环节的训练，使学生深刻理解、牢固掌握数据结构和算法设计技术，掌握分析、解决实际问题的能力。

课程设计使学生在数据结构的逻辑特性和物理表示、数据结构的选择和应用、算法的设计及其实现等方面有所提高，并加深学生对"数据结构"课程基本内容的理解。同时，在程序设计方法以及上机操作等基本技能和科学作风方面也受到比较系统和严格的训练。

1.3　课程设计步骤

随着计算机性能的提高，它所面临的软件开发的复杂度也日趋增加，因此软件开发需要系统的方法。一种常用的软件开发方法，是将软件开发过程分为分析、设计、实现和维护 4 个阶段。虽然"数据结构课程设计"中的实践题选的复杂度远不如实际应用中真正的软件系统，但是如下所述完成实践的 5 个步骤，是一个软件工作者所应具备的科学工作的方法和作风。

1. 问题分析和任务定义

通常，课程设计题选的陈述比较简洁，可能有模棱两可的含义。因此，在进行设计之前，首先应该充分地分析和理解问题，明确问题要求做什么，限制条件是什么。本步强调的是做什么，而不是怎么做。对问题的描述应避开算法和所涉及的数据类型，而是对所需完成的任务做出明确的回答。例如，输入数据的类型、值的范围及输入的形式；输出数据的类型、值的范围及输出的形式；若是会话式的输入，则结束标志是什么，是否接收非法的输入，对非法输入的回答方式是什么等。这一步还应该为调试程序准备好测试数据，包括合法输入的数据和非法形式输入的数据。

2. 数据类型和系统设计

在这一步中，需分逻辑设计和详细设计两步实现。逻辑设计是指：对问题描述中涉及的操作对象，定义相应的数据类型；并按照以数据结构为中心的原则划分模块，定义主程序模块和各抽象数据类型。详细设计是指：定义相应的存储结构并写出各过程和函数的伪码算法。在这个过程中，要综合考虑系统功能，使系统结构清晰、合理、简单和易于调试，抽象数据类型的实现尽可能做到数据封装，基本操作的规格说明尽可能明确具体。作为逻辑设计的结果，应写出每个抽象数据类型的定义（包括数据结构的描述和每个基本操作的规格说明）、各个主要模块的算法，并画出模块之间的调用关系图。详细设计的结果是对数据结构和基本操作的规格说明进一步细化，写出数据存储结构的类型定义，按照算法书写规范，用合适的语言写出过程或函数形式的算法框架。在细化的过程中，应尽量避免陷入语言细节，不必过早表述辅助数据结构和局部变量。

3. 编码实现和静态检查

编码是将详细设计的结果进一步细化为程序设计语言程序。如何编写程序才能较快地完成调试是特别要注意的问题。程序的每行一般不要超过 60 个字符。每个过程或函数体一般不要超过 60 行，否则应该分割成较小的过程或函数。要控制 if 语句连续嵌套的深度，当分支过多时应考虑使用 switch 语句。对函数功能和重要变量进行注释。一定要按格式书写程序，分清每条语句的层次，对齐括号，这样便于发现语法错误。

在上机之前，应该用笔在纸上写出详细的程序编码，并做认真的静态检查。多数初学者在编好程序后处于以下两种状态之一：一种是对自己的"精心作品"的正确性确信不疑；另一种是认为上机前的任务已经完成，纠查错误是上机的工作，这两种态度是应严格避免的。对一般的程序设计者而言，当编写的程序长度超过 60 行时，通常会含有语法错误或逻辑错误。上机动态调试绝不能代替静态检查，否则调试效率将是极低的。静态检查主要有两种方法，一是用一组测试数据手工执行程序（通常应先检查单个模块）；二是通过阅读或给别人讲解自己的程序而深入全面地理解程序逻辑，在这个过程中再加入一些注释。

4．上机准备和上机调试

上机准备包括以下几个方面：

（1）熟悉 C 语言用户手册或程序设计指导书；

（2）注意 Turbo C、VC++与标准 C 语言之间的细微差别；

（3）熟悉机器的操作系统和语言集成环境的用户手册，尤其是最常用的命令操作，以便顺利进行上机的基本活动；

（4）掌握调试工具，考虑调试方案，设计测试数据并手工得出正确结果，学生应该熟练运用高级语言的程序调试器 DEBUG 来调试程序。

上机调试程序时要带一本高级语言教材或手册。调试最好分模块进行，自底向上，即先调试低层过程或函数。必要时可以另写一个调用驱动程序。这种表面上麻烦的工作实际上可以大大降低调试所面临的复杂性，提高调试工作效率。

在调试过程中可以不断借助 DEBUG 的各种功能，提高调试效率。调试中遇到的各种异常现象往往是预料不到的，此时不应苦思冥想，而应借助系统提供的调试工具确定错误。调试正确后，认真整理源程序及其注释，印出带有完整注释的且格式良好的源程序清单和结果。

5．总结和整理实验报告

最后是总结和整理实验报告阶段。除了必要的文档内容，还应该对开发设计的整个过程进行总结，包括应用程序的优点及不足、开发过程中的经验及体会、应用程序的后续开发设想等。值得注意的是，实验报告的各种文档资料应该在程序设计开发的过程中逐渐充实形成，而不是最后补写。

1.4　实验报告规范

实验报告的开头应给出题目、班级、姓名、学号和完成日期等，正文一般包括以下 6 个方面的内容。

1．需求分析

需求分析以无歧义的陈述说明程序设计的任务，重点强调的是程序要做什么。一般应明确规定以下内容：

（1）输入的形式和输入值的范围；

（2）输出的形式；

（3）程序所能达到的功能；

（4）测试数据，包括正确的输入及其输出结果和含有错误的输入及其输出结果。

2．概要设计

概要设计说明本程序中用到的所有抽象数据类型的定义、各子程序（函数和过程）的功能及其调用关系，以及各程序模块之间的层次（调用）关系。需要画出函数和过程的调用关系图。

3．详细设计

详细设计实现概要设计中定义的所有数据类型，包括全局变量的定义等。对每个子程序（函数和过程）需要写出用高级程序设计语言描述的算法或伪码算法（伪码算法达到的详细程度建议为：按照伪码算法可以在计算机键盘直接输入高级程序设计语言描述的程序）；对主程序和主要算法模块应重点介绍并写出详细的高级程序设计语言描述的算法。当子函数或过程较多时，建议对函数或过程进行编号。

4．测试分析

测试分析一般包括以下内容：

（1）调试过程中遇到的问题是如何解决的，以及对设计与实现的回顾讨论和分析；

（2）对算法的时空分析（包括对基本操作及其他算法的时间复杂度和空间复杂度的分析）和改进设想；

（3）经验和体会等；

（4）测试功能展示。列出测试结果，包括输入和输出，这里的测试数据应该完整和严格。

5．源程序清单

源程序清单是带详细注释的源程序。如果提交源程序代码，可以只列出程序文件名的清单。

6．用户使用手册

用户使用手册需告诉用户如何使用编写的程序，详细列出每一步的操作步骤和使用规则等。

第2章 线性表及其应用

线性表是最简单、最基本、最常用的一种线性结构。它有两种存储方法：顺序存储和链式存储，它的主要基本操作是插入、删除和检索等。本章主要目的是帮助读者熟练掌握线性表的基本操作在两种存储结构上的实现，其中以各种链表的操作和应用作为重点内容。

2.1 本章知识要点

2.1.1 线性表的顺序存储

线性表的顺序存储指的是在内存中用一组地址连续的存储单元依次存放线性表的数据元素。用这种存储形式存储的线性表称为顺序表（Sequential List）。因为内存中的地址空间是线性的，所以，用物理上的相邻位置实现线性表中数据元素之间的逻辑相邻关系既简单又自然。

在 C 语言程序中，一维数组在内存中占用的存储空间是一组连续的存储区域，因此，用一维数组来表示顺序表是合适的。将线性表

$$A = (\ a_1, a_2, \ \cdots, a_{i-1}, a_i, a_{i+1}, \ \cdots, a_n\ )$$

存放到一维数组中，其顺序存储结构如图2-1所示。

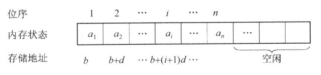

图 2-1　线性表的顺序存储结构

2.1.2 线性表的链式存储

线性表的顺序存储，其内存的存储密度高，在结点等长时，可以随机地存取结点；但是，对顺序表进行插入、删除时需要通过移动数据元素来实现，影响了运行效率。线性表的链式存储可以弥补上述的不足，它适合插入、删除频繁，存储空间大小不能预先确定的线性表。

链表亦称为线性表($a_1, a_2, \cdots, a_{i-1}, a_i, a_{i+1}, \cdots, a_n$)的链式存储结构。如果链表中每个结点只含一个指向后继的指针，则称其为线性链表或单链表。单链表结点结构如图2-2所示。

图 2-2　单链表结点结构

2.2 "学生通讯录管理系统"的设计与实现

（演示视频）

2.2.1 设计要求

1．问题描述

纸质的通讯录已经不能满足大家的要求，容易丢失、查找困难等问题是纸质通讯录所不能克服的缺点。"学生通讯录管理系统"是为了帮助老师、同学或者其他一些需要使用通讯录的人员进行管理和分析的一种应用程序。

2．需求分析

（1）输入数据建立通讯录。
（2）查询通讯录中满足要求的信息。
（3）插入新的通讯录信息。
（4）删除不需要的通讯录信息。
（5）查看所有的通讯录信息。

2.2.2 概要设计

为了实现需求分析中的功能，可以从3个方面着手设计。

1．主界面设计

为了实现"学生通讯录管理系统"各功能的管理，设计一个含有多个菜单项的主菜单子程序以链接系统的各项子功能，方便用户使用本系统。本系统主菜单运行界面如图2-3所示。

图2-3   "学生通讯录管理系统"主菜单运行界面

2．存储结构设计

本系统主要采用链表结构类型来表示存储在"学生通讯录管理系统"中的信息。其中，链表结点由4个分量构成：通讯录成员学号、通讯录成员姓名、通讯录成员电话号码、指向该结构体的指针。此外，本系统还设置了一个全局变量 seat，表示通讯录中成员的序号。

3．系统功能设计

本系统设置了6个子功能菜单，6个子功能的设计描述如下。

（1）通讯录的建立。可以一次输入多个成员通讯录的信息，建立通讯录。该功能由 creatIncreLink 函数实现。

（2）插入通讯记录。每次可以插入一个成员通讯录的信息，如果要连续插入多个成员通讯录信息则必须多次选择该功能。该功能由 insertYouXu 函数实现。

（3）查询通讯记录。可以按两种方式查询所需要的通讯录成员记录，一是按学号查询，二是按姓名查询。分别由 searchNum 函数和 searchName 函数实现。

（4）删除通讯记录。可以对通讯录中不再需要的信息进行删除。有 3 种删除方式：按序号进行删除、按学号进行删除和按姓名进行删除。分别由 deleteElem 函数、delNum 函数和 delName 函数实现。

（5）显示通讯录信息。可以查看通讯录中所有的通讯录成员记录。该功能由 printList 函数实现。

（6）退出管理系统。退出整个管理系统。

2.2.3　模块设计

1．系统模块设计

本程序包含两个模块：主程序模块和链表操作模块。其调用关系如图2-4所示。

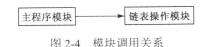

图 2-4　模块调用关系

2．系统子程序及功能设计

本系统共设置 10 个函数，其中包括主函数。各函数名及功能说明如下，大部分函数都是链表的基本操作函数。

```
（1）LinkList creatIncreLink()          //链表的创建
（2）deleteElem(LinkList L, int i)      //从通讯录中按序号删除第 i 个元素
（3）delName(LinkList L, char n[])      //按姓名删除通讯录成员记录
（4）delNum(LinkList L, int n)          //按学号删除通讯录成员记录
（5）void insertYouXu(LinkList L, LinkList Elem) //插入一条通讯录
（6）printList(LinkList L)              //打印指针地址为 L 的通讯录
（7）prior(LinkList L, LinkList p)      //查找位于当前地址元素的前一元素的地址
（8）searchName(LinkList L, char n[])   //按姓名查找通讯录成员记录
（9）int searchNum(LinkList L, int n)   //按学号查找通讯录成员记录
（10）void main()                        //主函数。设定界面的颜色和大小，调用链表操作模块
```

3．函数主要调用关系图

本系统 10 个函数之间的主要调用关系如图2-5所示。图中数字是各函数的编号。

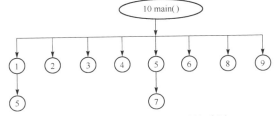

图 2-5　系统函数主要调用关系图

2.2.4　详细设计

1．数据类型定义

本系统采用链表结构存储通讯录结点。结点结构定义如下：

```
#define  LEN sizeof(LNode)
typedef struct LNode
{
    int number;            //学号
    char name[20];         //姓名
    double telenum;        //电话
    struct LNode *next;
}LNode,*LinkList;
```

2. 系统主要子程序详细设计

（1）建立通讯录链表的函数。

```
LinkList creatIncreLink()
{//创建一个存放通讯录成员的非递减有序表，返回头结点地址
    LinkList p;
    int num=1, number;
    double telenum;
    char name[20],temp;
    LinkList L,P;
    L=(LinkList)malloc(LEN);                    //创建头结点
    L->next=NULL;
    printf("请输入学生学号、姓名和电话号码，建立通讯录，以'-1'为输入结束标志\n");
    printf("请输入学号 %d: ",num);
        scanf("%d",&number);
    printf("请输入姓名 %d: ",num);
        temp=getchar();  gets(name);
    printf("请输入电话号码 %d: ",num);
        scanf("%lf",&telenum);
    while (number>=0)
    {
        p=(LinkList)malloc(LEN);                //新分配结点
        p->number=number;
        p->telenum=telenum;
        strcpy(p->name,name);
        insertYouXu(L,p);                       //有序地插入新结点
        num++;
        printf("请输入学号 %d: ",num);
            scanf("%d",&number);
        printf("请输入姓名 %d: ",num);
        temp=getchar();  gets(name);
        printf("请输入电话号码 %d: ",num);
            scanf("%lf",&telenum);
    }
    return(L);
}//end
```

（2）查看通讯录所有记录的函数。

```
void printList(LinkList L)
{ //打印头结点地址为 L 的通讯录
    LinkList p=L;
    int n=1;
    printf ("\n            -----------\n");
    printf ("            学号      姓名        电话号码\n");
```

```
printf ("              ------------\n");
if (L==NULL || L->next==NULL)              //判断通讯录是否为空
    printf ("该通讯录中没有元素\n");
else
    while(p->next !=NULL)
    {
        printf ("        %2d   %-9d",n,p->next->number);
        printf ("   %-5s  %.0f\n",p->next->name,p->next->telenum);
        p=p->next;
        n++;
    }
printf ("              ------------\n");
return ;
}//end
```

2.2.5　测试分析

系统主菜单运行界面如图2-3所示。各子功能测试运行结果如下。

1．通讯录的建立

在主菜单下，用户输入 1 并按回车键，然后按照提示建立通讯录。分别依次输入通讯录成员的学号、姓名、电话号码；重复此过程，直至输入–1，退出。运行结果如图2-6所示。

2．插入通讯记录

在主菜单下，用户输入 2 并按回车键，可以插入一个新成员的记录。按照提示，依次输入学号、姓名和电话号码后完成插入。插入结果是按学号有序排列的，运行结果如图2-7所示。

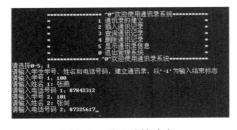

图 2-6　通讯录的建立

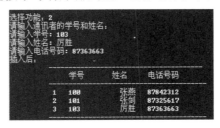

图 2-7　插入通讯记录

3．查询通讯记录

在主菜单下，用户输入 3 并按回车键，可以按照两种方式查询通讯录。一是按"学号"查询，二是按"姓名"查询，可按照提示操作。运行结果如图2-8所示。

图 2-8　查询通讯记录

4．删除通讯记录

在主菜单下，用户输入 4 并按回车键，可以进行通讯录记录的删除。本系统提供 3 种删除方式，分别是按序号、按学号和按姓名进行删除。图2-9是按序号删除的运行结果。

5．显示通讯录信息

在主菜单下，用户输入 5 并按回车键，可以查看通讯录中所有的成员信息。运行结果如图 2-10 所示。

图 2-9　删除通讯记录　　　　　　　图 2-10　显示通讯录信息

6．退出管理系统

在主菜单下，用户输入 0 并按回车键，即可退出"学生通讯录管理系统"。

2.2.6　源程序清单

```
#include <stdio.h>
#include <stdlib.h>
#include <string.h>
#define LEN sizeof(LNode)
int seat;                          //全局变量，用于存放通讯录成员的序号
typedef struct LNode
{//用于通讯录结点
    int number;        //学号
    char name[20];     //姓名
    double telenum;    //电话
    struct LNode *next;
}LNode,*LinkList;
//1．创建链表
LinkList creatIncreLink()          //源代码参见：2.2.4 详细设计 2.(1)
//2．在通讯录中按序号删除第 i 个成员
void deleteElem(LinkList L, int i)
{
    LinkList p=L,q;
    int j=0;
    while (p->next && j<i-1)
    {
        p = p->next; j++;
    }
    if(!(p->next))    //判断 i 是否合法，i 不能大于元素的个数，也不能小于等于 0
    {
```

```
            printf("第%d 个元素删除失败\n",i);  return ;
        }
        q = p->next;
        p->next = q->next;
        free(q);                        //释放删除的结点
}//enddeleteElem
//3．按姓名删除通讯录成员
int delName(LinkList L,char n[ ])
{   int flag=0;                     //判断要删除的通讯录成员和通讯录中的姓名是否匹配
    LinkList p=L->next;
    seat=1;
    if(L->next==NULL)  printf("该链表中没有元素,查找失败\n");
    else
    {   while(p!=NULL)
        {
            if(!strcmp(p->name,n))          //比较输入的姓名和通讯录中的姓名
            {   flag=1;                     //输入姓名匹配
                printf("%s ",p->name);
                p=p->next;
                deleteElem(L,seat);
            }
            else {p=p->next; seat++;} //输入姓名不匹配，指针移到下一个通讯录成员
        }
        if (flag)  printf("被删除\n");
    }
    return flag;
}
//4．按学号删除通讯录成员
int delNum(LinkList L, int n)
{   int flag=0;                     //判断要删除的通讯录成员和通讯录中的学号是否匹配
    LinkList p=L->next;
    seat=1;
    if(L->next==NULL)
        printf("该链表中没有元素,删除失败\n");
    else
    {   while(p!=NULL)
        {   if(p->number<=n)
            {   if(p->number==n)
                {
                    flag=1;              //输入学号匹配
                    printf("%d ",p->number);
                    p=p->next;
                    deleteElem(L,seat);
                }//endif
            }//endif
            else {p=p->next; seat++;}
        }//while
        printf("被删除\n");
```

```
    }//else
    return flag;
}//enddelNum
//5. 插入一条成员记录，使原通讯录保持有序
void insertYouXu(LinkList L, LinkList Elem)
{
    LinkList p=L->next;
    while(p!=NULL && Elem->number >= p->number)
    {   if(p->number==Elem->number)
        {printf("重复输入！！\n"); return;}
        p=p->next;
    }
    if(p==NULL)  //确定 Elem 的插入位置
    { p=prior(L,p); Elem->next=NULL; p->next=Elem;}
    else
    { p=prior(L,p); Elem->next=p->next; p->next=Elem; }
}
//6. 输出通讯录 L 的所有元素
void printList(LinkList L)              //源代码参见：2.2.4 详细设计 2.(2)
//7. 找到当前地址元素的直接前驱元素的地址
LinkList prior(LinkList L, LinkList p)
{
    LinkList p_prior=L;
    if(L->next==NULL)  return(L);
    while(p_prior->next != p)
        p_prior=p_prior->next;
    return (p_prior);
}
//8. 按姓名查找通讯录成员
int searchName(LinkList L,char n[ ])
{   int flag=0;                        //标志要查找的通讯录成员和通讯录中的姓名是否匹配
    LinkList p=L->next;
    seat=1;
    if(L->next==NULL || L==NULL)
        printf("该通讯录中没有元素,查找失败\n");
    else
    {   while(p!=NULL)
        {   if(!strcmp(p->name,n)) //比较要查找的姓名是否和当前通讯录所指姓名匹配
            {   flag=1;                //输入姓名的匹配，查找成功
                printf("要查找的是第%d 位通讯录成员：\n",seat);
                printf(" Number: %d   Name: %s   TeleNo.:%.0f\n",p->number,
                       p->name,p->telenum);
            }//if
            p=p->next; seat++;
        }//while
    }//else
    return flag;
}//searchName
```

```
//9. 按学号查找通讯录成员
int searchNum(LinkList L,int n)
{
    int flag=0;              //标志要查找的通讯录成员和通讯录中的学号是否匹配
    LinkList p=L->next;
    seat=1;
    if(L->next==NULL)
        printf("该链表中没有元素,查找失败\n");
    else
    {   while(p!=NULL)
        {   if(p->number<=n)
            if(p->number==n)
            {   flag=1;              //输入的学号匹配，查找成功
                printf("要查找的是第%d位通讯录成员: \n",seat);
                printf("学号: %d    姓名: %s    电话号码.:%.0f\n",p->number,
                        p->name,p->telenum);
            }
            p=p->next; seat++;
        }
    }
    return flag;
}
//10. 主函数。设定界面的颜色大小，调用工作区模块函数
void main()
{
    LinkList L=NULL;
    int flag=0;     //标志变量。标记通讯录是否建立
    int menu;       //菜单选项
    char temp;
    system("color 1f");                                      //设置界面颜色
    printf("\n    ****************^@^欢迎使用通讯录系统**********\n");
    printf("          *              1 通讯录的建立              *\n");
    printf("          *              2 插入通讯记录              *\n");
    printf("          *              3 查询通讯记录              *\n");
    printf("          *              4 删除通讯记录              *\n");
    printf("          *              5 显示通讯录信息            *\n");
    printf("          *              0 退出管理系统              *\n");
    printf("       ***************^@^欢迎使用通讯录系统**********\n");
    printf("请选择 0-5: ");
        scanf("%d",&menu);
    while(menu!=0)
    {   switch(menu)                        //用于调用菜单的语句
        {
            case 1:  L=creatIncreLink();//调用函数实现通讯录的建立
                    printf("建立通讯录: ");
                    printList(L); flag=1;
                    break;
            case 2: if (flag==1)
```

```
    {   int number,telenum;
        char name[20], temp;
        printf("请输入通讯录成员的学号和姓名：\n");
        printf("请输入学号: ");
           scanf("%d",&number);
        printf("请输入姓名: ");
           temp=getchar();   gets(name);
        printf("请输入电话号码: ");
           scanf("%d",&telenum);
        p=(LinkList)malloc(LEN);       //分配新结点
        p->number=number;
        strcpy(p->name,name);
        p->telenum=telenum;
        insertYouXu(L,p);              //插入新结点
        printf("插入后: ");
        printList(L);
    }
    else printf("\nERROR: 通讯录还没有建立，请先建立通讯录\n");
    break;
case 3: int way, n ,s;                        //查找方式
        char na[20], temp;
        if(L!=NULL)
        {
          if(flag)                            //通讯录已建立
          {   printf("选择查找方式：\n");
              printf("                    1.按学号    2.按姓名");
              scanf("%d",&way);
              if(way==1)
              {    printf("\n 请输入学号:");
                   scanf("%d",&n);
                   s=searchNum(L,n);          //查找通讯录成员
                   if(s==0) printf("无此通讯录成员，查找失败! \n");
              }
              else if(way==2)
              {    printf("\n 请输入姓名:");
                   temp=getchar();   gets(na);
                   s=searchName(L,na);
                   if(s==0) printf("无此通讯录成员，查找失败! \n");
              }
              else printf("通讯录中无记录! \n");
          }//endif(flag)
          break;
        }//endif(L!=NULL)
        else printf("通讯录中无记录! \n");
        break;
case 4:  int way;                             //删除方式
         char temp;
```

```
            printf("选择删除方式：1.按序号  2. 按学号  3.按姓名 \n");
              scanf("%d",&way);
          if(way==1)
          { int n;
            printf("请输入通讯录序号: "); scanf("%d",&n);
            printf("删除后: \n");
            deleteElem(L,n);                    //按序号删除
            printList(L);
          }
          else if(way==2)
          { int n,f;
            printf("请输入学号: ");  scanf("%d",&n);
            f = delNum(L,n);                    //按学号删除
            if(f!=0)
             { printf("删除后: \n");
               printList(L);
              }
             else printf("无该学号，删除失败!\n");
          }
          else if(way==3)
          { char na[20], temp;
            int f;
            printf("\n 请输入姓名:");
              temp=getchar();  gets(na);
            f = delName(L,na);                  //按姓名删除
            if(f!=0)
            { printf("删除后: \n");
              printList(L);
             }
             else printf("无该学号，删除失败!\n");
          }
          else printf("ERROR!!\n");
          break;
      case 5:   printf("当前通讯录内容如下: \n");
          printList(L);  break;                 //打印通讯录
      case 0:   exit(0);
      default:  printf("\n 没有此功能，重新输入\n");
     }//endswitch
    printf("选择功能: ");   scanf("%d",&menu);
   }//endwhile
 }//endmain
```

2.2.7　用户手册

（1）本程序执行文件为"学生通讯录管理系统.exe"。

（2）进入本系统之后，随即显示系统主菜单运行界面。用户可在该界面下输入各子菜单前对应的数字并按回车键，执行相应子菜单命令。

（3）本系统没有提供直接修改通讯录信息的功能，可通过删除和插入操作完成修改功能。

2.3 "航空客运订票系统"的设计与实现

2.3.1 设计要求

1. 问题描述

本系统可实现航空客运订票的主要业务活动。例如，浏览和查询航班信息、机票预订和办理退票等。

2. 需求分析

（1）航班管理。每条航班所涉及的信息有：终点站名、航班号、飞机型号、飞行周日（星期几）、乘员定额、余票量。

（2）乘客管理。有关订票的乘客信息，包括姓名、订票量、舱位等级（1、2 和 3），以及等候替补的乘客名单，包括姓名、所需票量。

（3）系统实现的主要操作和功能。

① 查询航班。根据乘客提出的终点站名输出下列信息：航班号、飞机型号、飞行日期、余票量。

② 承办订票业务。根据乘客提出的要求（航班号、订票量）查询该航班票额情况，若有余票，则为乘客办理订票手续，输出座位号；若已满或者余票量少于订票量，则需要重新询问乘客要求；若需要，可等待排队候补。

③ 承办退票业务。根据乘客提供的情况（飞行日期、航班号），为乘客办理退票手续，然后查询该航班是否有人排队候补，首先询问排在第 1 位的乘客，若所退票量能满足该乘客的要求，则为其办理订票手续，否则依次询问其他排队候补的乘客。

2.3.2 概要设计

1. 主界面设计

本系统设计了一个含有多个菜单项的主菜单，系统主菜单运行界面如图2-11所示。

图 2-11 "航空客运订票系统"主菜单运行界面

2. 存储结构设计

本系统主要采用链表结构存储航班信息和订票的乘客信息。航班信息链表结点由 10 个分量构成，乘客信息链表由 5 个分量构成。

3. 系统功能设计

本系统分为以下 5 个功能模块。

（1）航班管理。航班管理子模块可完成添加新的航班，按终点站名查询航班，浏览所有航班。

（2）订票办理。在添加了航班的基础上可办理订票业务。乘客根据所需航班输入终点站名和订票量订票。如果订票量超过余票量，则会提示是否成为候补乘客；如果订票成功，则会要求输入订票乘客的姓名及所订票的舱位等级。

（3）退票办理。已办理过订票业务的乘客可根据所订票的航班号和乘客姓名办理退票业务。

（4）乘客管理。可以查看已经订票的乘客信息和候补乘客的信息。

（5）退出系统。退出整个"航空客运订票系统"。

2.3.3　模块设计

1．系统模块设计

本程序包含主程序模块、菜单选择模块和队列操作模块。调用关系如图2-12所示。

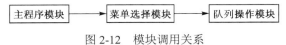

图 2-12　模块调用关系

2．系统子程序及功能设计

本系统共设置以下函数，其中包括主函数。各函数名及功能说明如下。

```
（1）char Continue()                    //询问是否继续
（2）void ErrorMess()                   //操作出错
（3-1）int Find_Line1()                 //航班核对
（3-2）int Find_Line2()                 //按航班号查询
（4）void Line_search()                 //按目的地查询航班
（5）void Line_Add()                    //航班添加
（6）int Empty_Flight()                 //航班是否为空
（7）int Line_See()                     //航班查看
（8）void LinemanageMenu()              //航班管理菜单
（9）void bookingMenu()                 //订票办理
（10）void Display_Reserve()            //订票乘客信息
（11）void Display_Replace()            //候补乘客信息
（12）void RefundticketMenu()           //退票办理
（13）void CustomermagMenu()            //乘客管理子菜单
（14）void main()                       //主函数
```

3．函数主要调用关系图

本系统各函数之间的主要调用关系如图2-13所示，图中数字是各函数的编号。

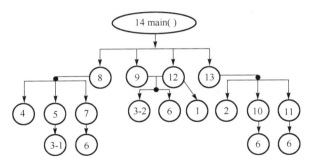

图 2-13　系统函数主要调用关系图

2.3.4　详细设计

1. 数据类型定义

（1）乘客信息的结构体定义。

```
typedef struct Customer
{   char Name[8];                    //姓名
    int Amount;                      //订票量
    char Rank;                       //舱位等级
    int IDinfor;                     //个人信息
    struct Customer *Next;           //指向下一乘客结点
}Customer;
```

（2）航班信息的结构体定义。

```
typedef struct Flight
{   char Des_Name[10];               //终点站名
    char Flight_No[6];               //航班号
    char Plane_No[6];                //飞机型号
    int Week_Day;                    //飞行周日(星期几)
    int Customer_Amount;             //乘员定额
    int Free_Amount;                 //余票量
    int Price[3];                    //舱位等级的价格
    Customer *CustName;              //该航班的已订票乘客名单
    Customer *ReplName;              //该航班的候补乘客名单
    struct Flight *Next;             //指示下一航班结点
}Flight,*PFlight;
```

（3）全局变量定义。

```
int Customer_Count=0;                //所有航班的订票乘客总数
Flight *Head;                        //航班头指针
Flight *p2;                          //航班结点指针
Customer *Custp1[MAX];               //各航班乘客结点指针
Customer *Replp1[MAX];               //各航班候补结点指针
int IsEmpty=1;                       //是否有订票乘客
int IsReplace=1;                     //是否有候补乘客
Customer *prior;                     //满足要求的订票乘客的前结点，做删除操作
int shouldsave=0;
```

2. 系统主要子程序详细设计

（1）主程序模块设计。

主函数，设定用户操作界面以及界面的颜色和大小，调用菜单子模块函数。

```
void main()
{//14.主函数
    char c;
    Flight *p1;
    system("color 1f");                          //屏幕颜色设定
    system("mode con: cols=78 lines=35");
```

```
    p1=Head;
    do{
         system("cls");
         printf ("\n\t\t            航空客运订票系统主菜单\n");
         printf("\n*****************************************\n");
         printf ("\t              1.航 班 管 理 菜 单\n");
         printf ("\t              2.订 票 办 理 菜 单\n");
         printf ("\t              3.退 票 办 理 菜 单\n");
         printf ("\t              4.乘 客 管 理 菜 单\n");
         printf ("\t              5.退 出 系 统\n");
         printf ("\n************ 谢谢使用航空客运订票系统! ************\n");
         printf ("请选择您想要的服务:");
         scanf("%s",&c);
         switch(c)
         {
             case '1': LinemanageMenu()  ;break;          //航班管理
             case '2': bookingMenu()  ;break;             //订票办理
             case '3': RefundticketMenu()  ;break;        //退票办理
             case '4': CustomermagMenu()  ;break;         //乘客管理
             case '5': exit(0);
             default: break;
         }
    }while(c!='5');
}//end main
```

（2）航班管理模块子菜单界面函数。

```
void LinemanageMenu()
{
    char c;
    system("cls");
    while(1)
    {   printf("\n\t\t 航班管理菜单:");
        printf("\n_____\n\n");
        printf("\t    1.    添加新的航班\n");
        printf("\t    2.    查询航班    \n");
        printf("\t    3.    查看航班    \n");
        printf("\t    4.    返回主菜单  \n");
        printf("\n_____\n");
        printf("\t 请选择您想要的服务:");
        scanf("%s",&c);
        switch(c)
        {   case '1': Line_Add(); break;
            case '2': Line_search(); break;
            case '3': Line_See(); break;
            case '4': return;
        }
    }
}
```

（3）航班管理的主要工作函数。

```
int Find_Line1(PFlight L, char *key)
{ //3-1. 航班核对函数
    int flag=0;        //该标志位为 0 表示未找到相关信息，反之即找到，以下标志位同理
    Flight *p1;
    p1=L;                              //赋航班首地址
    if(p1==p2)  return flag;          //首航班不做比较
    while(p1!=p2 && p1!=NULL)
    {  //本航班号不纳入比较范围，否则会一直提示航班不唯一
        if(strcmp(p1->Flight_No,key)==0)
        { flag=1;  break; }
        p1=p1->Next;                   //指向下一航班结点
    }
    return flag;
}//end
int Find_Line2(PFlight L, char *key, PFlight *pp, int *Flight_No)
{ //3-2.按航班号查询函数
    int flag=0;                          //该标志位为 0 表示未找到相关信息，反之即找到
    Flight *p1;
    p1=L;                              //赋航班首结点
    while(p1!=NULL)
    {   if(strcmp(p1->Flight_No,key)==0)    //不包括当前航班
        { flag=1;  *pp=p1;  break;}
        p1=p1->Next;                        //指向下一航班结点
        if(p1!= NULL)   Flight_No++;        //遇结束符不做统计范围
    }
    return flag;
}
void Line_search()
{//4. 按目的地查询航班函数
    char Desname[50];                    //查询终点站航班关键字
    Flight *p1=Head;
    if(Head==NULL)
    {   printf ("\n\t 没有到达您想要的终点站的航班!");  getch() ;
        return;
    }
    printf ("\n\t 请输入终点站名:");    scanf("%s",Desname);
    printf ("\n\t 您所查询的航班的信息:\n");
    printf ("\n_____  \n");
    while(p1!=NULL)
    {
        if(strcmp(p1->Des_Name,Desname)==0)
        {
            printf("目的地  航班号  飞机型号  星期  座位数 头等舱价格 普通舱价格 经济舱
                价格\n");
            printf("\n%-9s%-8s%-8s-7d%-8d%-10d%-12d%-8d",p1->Des_Name,
            p1->Flight_No,p1->Plane_No,p1->Week_Day,p1->Customer_Amount,
```

```
                    p1->Price[0],p1->Price[1],p1->Price[2]);
            }
         p1=p1->Next;
      }
   printf ("\n_____\n");
   Continue()  ;
}//end Line_search
void Line_Add()
{//5. 航班添加函数
   PFlight p,*p1;        //建立临时航班结点，p 用于链表新结点建立的过渡变量
   p1=&Head;             //传航班链表头指针的地址
   while(1)
   {
     if(Head==NULL)      //航班为空
     {  *p1=(PFlight)malloc(sizeof(Flight));
        (*p1)->Next=NULL;
        p2=Head;         //建立首个航班
      }
     else
     {  p1 = &p;
        *p1=(PFlight)malloc(sizeof(Flight));   //建立新航班结点
        p2->Next=*p1; //前一航班结点指向当前航班结点
        p2=*p1;          //保留当前航班结点地址
     }
     printf ("\n\t 添加新的航班!\n");
     printf ("\n\t 请输入终点站名:");
     scanf("%s",&p2->Des_Name);
     while(1)
     { //数据合法性检验
        printf ("\n\t 请输入唯一的航班号:");
           scanf("%s",&p2->Flight_No);
        if(Find_Line1(Head, p2->Flight_No))        //存在航班号
           printf("\n\t 航班号已经存在!\n");
        else  break;
     }
     printf ("\n\t 请输入航班号:");
        scanf("%s",&p2->Plane_No);
     while(1)
     {   printf("\n\t 请输入航班日期（请输入 1—7）:");
           scanf("%d",&p2-> Week_Day);
        if(p2->Week_Day<1 || p2->Week_Day>7)
           printf ("\n\t 输入日期有误，请重新输入!\n");
        else  break;
     }
     printf ("\n\t 请输入座位数量:"); scanf("%d",&p2->Customer_Amount);
     printf ("\n\t 请输入头等舱的价钱:");  scanf("%d",&p2->Price[0]);
```

```
        printf ("\n\t 请输入二等舱的价钱:");  scanf("%d",&p2->Price[1]);
        printf ("\n\t 请输入三等舱的价钱:");  scanf("%d",&p2->Price[2]);
        p2->Free_Amount=p2->Customer_Amount;        //余票量与乘员定额相同
        p2->CustName=NULL;                          //该航班订票乘客头指针为空
        p2->ReplName=NULL;                          //初始候补名单为空
        shouldsave=1;
        if(Continue()=='n')
         {p2->Next=NULL; return; }                  //航班的下一结点为空
    }//endwhile(1)
  }// Line_Add
```

(4) 订票办理函数，用于办理订票业务。

```
    void bookingMenu()
    {//9.订票办理函数
        int Ticket_Count,IDinfor,i,flag=0;
        int Flight_No=0;                    //记录满足条件的航班的订票结点
        Flight *p1;                         //记录满足条件的航班结点地址
        Customer *c1;                       //临时性订票乘客结点
        Customer *c2;                       //临时性候补乘客结点
        char answer[7];                     //用户输入的航班数据
        char temp,c;
        int tag=0;                          //候补乘客标志位
        int IsRepl=0;                       //是否执行候补操作标志位
        if(Empty_Flight())  return;         //航班为空
        while(1)
        {
            printf("\n\t 现在您可以订票!");
            flag=0;                         //标志位清零，重新判断
            Flight_No=0;
            tag=0;
            printf("\n\t 请输入航班号:");
                scanf("%s",&answer);
            if(Find_Line2(Head,answer,&p1,&Flight_No))
            {//调用航班查找函数，若存在，则进行以下操作
                while(1)
                {//数据合法性检验
                    printf("\n\t 请输入您想要订购的票的数量:");
                    scanf("%d",&Ticket_Count);
                    if(Ticket_Count==0)
                    {
                      printf("\n\t 请再次输入飞机型号:\n");
                      getch();
                    }
                    else  break;
                }//endwhile
                if(p1->Free_Amount >= Ticket_Count)
                {
                    Customer_Count++;               //订票乘客总数增 1
                    flag=1;                         //表明进入了订票实际操作
```

```
        IsRepl=1;                                    //订票量满足，无须进入候补操作
        if(p1->CustName==NULL)                       //首个订票乘客，并记录相关属性
        { //建立该航班的首位乘客结点
         Custp1[Flight_No]=c1=(Customer*)malloc(sizeof(Customer));
         p1->CustName=Custp1[Flight_No];
        }
        else
        {//建立该航班的后续乘客结点
          c1=(Customer*)malloc(sizeof(Customer));   //分配新乘客结点
          Custp1[Flight_No]->Next=c1;
          Custp1[Flight_No]=c1;
        }
        IsEmpty=0;                                              //订票乘员不为空
        Custp1[Flight_No]->Amount=Ticket_Count;     //订票数
        IDinfor = p1->Customer_Amount-p1->Free_Amount+1;//算出座位号
        Custp1[Flight_No]->IDinfor = IDinfor;                //赋座位号
        p1->Free_Amount -= Ticket_Count;                     //减去订票数
        printf("\n\t 请输入您的姓名:");
            scanf("%s",&Custp1[Flight_No]->Name);
        while(1)
        { //数据合法性检验
            printf("\n\t 请输入舱位等级:");
                scanf("%s",&Custp1[Flight_No]->Rank);
            if(!(Custp1[Flight_No]->Rank>='1'&&
                            Custp1[Flight_No]->Rank<='3'))
            {
                printf("\n\t 输入有误，请重新输入!");
                getch();
            }
            else
                break;
        }//endwhile
        printf("\n\t 请输入您的 ID 信息:");
            scanf("%d",&Custp1[Flight_No]->IDinfor);
        if(Ticket_Count<10)                     //为显示规整，进行相应处理
            printf("\n\t");
        else
            printf("\n\t");
        printf("\n\t 恭喜您订票成功！\n");
        for(i=1; i<=Ticket_Count; i++)                      //打印座位号
        {
            printf("\n\t 您所预定的座位号是%d",IDinfor++);
            if(i%10==0)      printf("\n\t");
        }
        printf("\n");
}//endif(满足订票数)
else if(p1->Free_Amount==0)
{
    printf("\n\t 对不起，票已售完!\n");  IsRepl=0;
}
```

```
        else
        {
            printf("\n\t 对不起，当前没有多余的票!\n");  IsRepl=0;
        }
        if(!IsRepl)
        {
            printf("\n\t 您是否想成为候补乘客(Y/N)?");
            scanf("%s",&temp);
            if(temp=='y'||temp=='Y')      //以下为候补操作
            {
                if(p1->ReplName==NULL)
                {//建立该航班的首位候补乘客结点
                  c2=(Customer*)malloc(sizeof(Customer));
                  Replp1[Flight_No]=c2;                    //保存
                  p1->ReplName = Replp1[Flight_No];
                }
                else
                { //新用户
                  c2=(Customer*)malloc(sizeof(Customer));
                  Replp1[Flight_No]->Next = c2;
                  Replp1[Flight_No] = c2;
                }
                IsReplace=0;                          //候补乘客不为空
                tag=1;                                //已选择列入候补乘客名单
                Replp1[Flight_No]->Amount = Ticket_Count;
                printf ("\n\t 请输入您的姓名:");
                    scanf("%s",&Replp1[Flight_No]->Name);
                Replp1[Flight_No]->IDinfor = IDinfor;     //候补乘客的座位
                Replp1[Flight_No]->Amount = Ticket_Count;  //候补乘客的订票数
                while(1)
                {//数据合法性检验
                    printf ("\n\t 请输入舱位等级:");
                        scanf("%s",&Replp1[Flight_No]->Rank);
                    printf ("\n\t 请输入您的 ID 信息:");
                        scanf("%d",&Replp1[Flight_No]->IDinfor);
                    if(!(Replp1[Flight_No]->Rank>='1' &&
                                    Replp1[Flight_No]->Rank<='3'))
                    {
                        printf ("\n\t 输入有误，重新输入.");
                        getch();
                    }//endif
                    else   break;
                }//endif
                printf ("\n\t 没有剩余座位!\n");       //候补乘客无座提示
                shouldsave=1;
            }//endif(进入候补名单)
        }//endif(票数满足)
    }//endif(航班存在)
```

```
else
    printf ("\n\t 对不起,航班不存在!\n");    //航班不存在
if(flag)                                    //若此处不进行处理,则会地址溢出
    Custp1[Flight_No]->Next=NULL;           //末位订票乘客的指针置空
if(tag)
{   Replp1[Flight_No]->Next=NULL;           //末位候补乘客的指针置空
    printf ("\n\t 您已经成功排入候补订票队列中!\n");
}
printf ("\n\t 是否退出菜单? :(y/n)");
scanf("%s",&c);
if(c=='y')  return;
}//endwhile(1)
}//end bookingMenu
```

2.3.5　测试分析

系统主菜单运行界面如图2-11所示。各子功能测试运行结果如下。

1. 航班管理

在主菜单下,用户输入 1 并按回车键,运行结果如图2-14所示。该子模块可以实现添加新的航班、按终点站名查询航班的信息、查看所有航班信息这 3 项航班管理操作。

2. 订票办理

在进行了航班添加之后,即航班不为空时,在主菜单下输入 2 并按回车键可办理订票业务,在界面提示下输入订票的相关航班信息和订票乘客信息。运行结果如图2-15所示。如果需要订票数超过余票量,则可选择等待成为候补乘客或选择放弃订票。

图 2-14　航班管理

图 2-15　订票办理

3. 退票办理

办理订票业务之后,可以办理对应的退票业务。在主菜单下输入 3 并按回车键可办理退票业务,在界面提示下输入匹配的退票航班信息和订票乘客信息即可退票成功,运行结果如图2-16所示。

4. 乘客管理

办理了订票业务之后,系统可以管理办理了订票业务的乘客信息。在主菜单下输入 4 并按回车键进入乘客管理菜单界面,运行结果如图2-17所示。在此子功能模块下可以查看订票乘客和候补乘客的信息。

图 2-16 退票办理

图 2-17 乘客管理

5. 退出系统

在主菜单下输入 5 并按回车键,即可退出"航空客运订票系统"。

2.3.6 源程序清单

```c
#include <string.h>
#include <conio.h>
#include <stdio.h>
#include <stdlib.h>
#define MAX 60
typedef struct Customer
{//乘客信息
    char Name[8];                    //姓名
    int Amount;                      //订票量
    char Rank;                       //舱位等级
    int IDinfor;                     //个人信息
    struct Customer *Next;           //指向下一乘客结点
}Customer;
typedef struct Flight
{ //航班信息
    char Des_Name[10];               //终点站名
    char Flight_No[6];               //航班号
    char Plane_No[6];                //飞机型号
    int Week_Day;                    //飞行周日(星期几)
    int Customer_Amount;             //乘员定额
    int Free_Amount;                 //余票量
    int Price[3];                    //舱位等级的价格
    Customer *CustName;              //该航班的已订票乘客名单
    Customer *ReplName;              //该航班的候补乘客名单
    struct Flight *Next;             //指示下一航班结点
}Flight,*PFlight;
//全局变量
int Customer_Count=0;                //所有航班的订票乘客总数
Flight *Head=NULL;                   //航班头指针
Flight *p2;                          //航班结点指针
Customer *Custp1[MAX];               //各航班乘客结点指针
Customer *Replp1[MAX];               //各航班候补结点指针
int IsEmpty=1;                       //是否有订票乘客
int IsReplace=1;                     //是否有候补乘客
Customer *prior;                     //满足要求的订票乘客的前结点,做删除操作
int shouldsave=0;
```

```
//1. 询问是否继续函数
char Continue()
{   char answer;
    while(1)
    {   printf ("\n\t  您是否想继续(Y/N)?");
            scanf("%s",&answer);
        system("cls");
        if(answer=='y'||answer=='Y')
            return 'y';
            else if(answer=='n'||answer=='N')
                    return 'n';
             else   printf ("\n\t 输入有误, 请重新输入!");
    }
}
//2. 操作出错函数
void ErrorMess()
{
    printf ("\n\t 对不起, 您的操作有误!");  getch();
}
//3-1. 航班核对函数
int Find_Line1(PFlight L, char *key)   //源代码参见: 2.3.4 详细设计 2.(3)
//3-2. 按航班号查询函数
int Find_Line2(PFlight L, char *key, PFlight *pp, int *Flight_No)
//4. 按目的地查询航班函数
void Line_search()                         //源代码参见: 2.3.4 详细设计 2.(3)
//5. 航班添加函数
void Line_Add()                            //源代码参见: 2.3.4 详细设计 2.(3)
//6. 航班是否为空函数
int Empty_Flight()
{
    if(Head==NULL)
    {   system("cls");
        printf ("\n\t 对不起, 航班不存在, 按任意键返回!");   getch();
        return 1;
    }
    else  return 0;
}
//7. 航班查看函数
int Line_See()
{
    Flight *p1;
    system("cls");
    p1=Head;
    if(Empty_Flight())   return  0;                 //航班线为空
    printf ("\n\n\t 航班信息:\n");
    printf ("\n_____n");
    printf("目的地 航班号 飞机型号 星期 座位数 头等舱价格 普通舱价格 经济舱价格\n");
    while(p1!=NULL)
    {printf("\n%-9s%-8s%-8s%-7d%-8d%-10d%-12d%-8d",p1->Des_Name,
        p1->Flight_No,p1->Plane_No,p1->Week_Day, p1->Customer_Amount,
```

```
                p1->Price[0],p1->Price[1],p1->Price[2]);p1=p1->Next;
        }
        printf ("\n_____\n");
        printf ("\n\t 按任意键返回!\n");  getch();
}//end Line_See
//8.航班管理菜单
void LinemanageMenu()                       //源代码参见：2.3.4 详细设计 2.(2)
//9.订票办理函数
void bookingMenu()                          //源代码参见：2.3.4 详细设计 2.(4)
//10.订票乘客信息
void Display_Reserve()
{
    Flight *p1;
    Customer *c1;
    system("cls");
    p1=Head;
    if(Empty_Flight())   return;
    printf ("\n\t 订票乘客信息");
    if(IsEmpty)
    {  printf ("\n\t 对不起，没有订票乘客信息!\n");  getch();
        return;
    }
    printf ("\n_____\n");
    printf ("Name Flight_No Plane_No Tic_Amount Des_Name Rank_No  ID\n");
    while(p1!=NULL)
    {
        if(p1->CustName != NULL)
        {
          c1=p1->CustName;
          while(c1!= NULL)
          { printf("\n%-8s%-10s%-9s%-11d%-9s%-9c%-9d",c1->Name,
                  p1->Flight_No,p1->Plane_No,c1->Amount,
                  p1>Des_Name,c1->Rank,c1->IDinfor);
            if(p1->Free_Amount>=1)
                printf ("\n\n\t 还有多余的票!\n");
            else   printf ("\n\n\t 票已售完!\n");
            c1=c1->Next;
          }
        }
        p1=p1->Next;
        printf ("\n\n_____\n");
    }//endwhile
    printf ("\n\t 按任意键返回!");  getch();
    return;
}//end Display_Reserve
//11.候补乘客信息
void Display_Replace()
{
    Flight *p1;
    Customer *c1;
```

```
        system("cls");
        p1=Head;
        if(Empty_Flight()) return;
        printf ("\n\t 候补乘客信息!");
        if(IsReplace)
        {   printf ("\n\t 对不起，没有候补乘客!\n");   getch();
            return;
        }
        printf ("\n_____\n");
        printf(" 姓名  航班号  飞机型号  订票数    目的地   舱位等级   顾客号\n");
        while(p1!=NULL)
        {
            if(p1->ReplName!=NULL)
            {
                c1=p1->ReplName;
                while(c1!=NULL)
                {   printf("\n%-8s%-10s%-9s%-11d%-9s%-9c%-9d", c1->Name,
                            p1-> Flight_No, p1->Plane_No, c1->Amount,
                            p1->Des_Name, c1->Rank, c1->IDinfor);
                    if( p1->Free_Amount>=1)
                        printf ("\n\t 还有多余的票!\n");
                    else  printf ("\n\t 票已售完!\n");
                    c1 = c1->Next;
                }
            }
            p1=p1->Next;
        }
        printf ("\n\n_____\n");
        printf ("\n\t 按任意键返回!");  getch() ;
        return;
}//end
//12. 退票办理函数
void RefundticketMenu()
{
    int Flight_No=0,flag=0;          //记录满足条件的航班的订票结点
    Flight *p1;                      //记录满足条件的航班结点地址
    Customer *c2,*c4;                //临时性订票乘客结点
    Customer *c3,*c5;                //临时性候补乘客结点
    char answer[7],name[7];          //用户输入的航班数据
    int tag=0;            //若第 2 个乘客满足条件，则它的首地址会发生冲突，注意此处
    int IDinfor;                     //记录座位号
    if(Empty_Flight()) return;       //航班为空
    printf ("\n\t 现在开始进行退票手续");
    if(IsEmpty)
    {   printf ("\n\t 对不起，乘客不存在!");   getch();
        return;
    }
    while(1)
    {
        flag=0;  tag=0;  Flight_No=0;
```

```
printf ("\n\t 请输入航班:");   scanf("%s",&answer);
if(Find_Line2(Head,answer,&p1,&Flight_No))   //航班存在
{   c2=p1->CustName;              //指向该航班的乘客名单的首地址
    printf ("\n\t 请输入您的姓名:");
        scanf("%s",&name);
    if(c2==NULL)                        //该航班无订票乘客
    {   printf ("\n\t 对不起, 乘客不存在!");
        if(Continue() =='n')  return;      //是否继续操作
    }
    else
        while(c2!=NULL)                   //查找有无此乘客名
        {
            if(strcmp(c2->Name,name)==0)//此外括号不能省，否则功能会转变
            {
                if(c2==p1->CustName)        //若为首位乘客, 则满足
                { prior=p1->CustName;    //记录指针
                  IDinfor=c2->IDinfor;
                  flag=1;  break;
                }
            }
            else if(c2->Next!=NULL)         //记录满足航班的前结点地址
            {  if(strcmp(c2->Next->Name,name)==0)
                { tag=1;                //特别注意此处
                  prior=c2;  //记录满足订票乘客的前一地址, 做删除操作
                  IDinfor=c2->Next->IDinfor;
                  flag=1;  break;
                }
            }
            c2 = c2->Next;                 //指向下一乘客结点
            shouldsave = 1;
        }//endwhile
    if(!flag)
        printf ("\n\t 对不起, 乘客不存在!\n");
}//endif 存在该航班
else  printf ("\n\t 对不起, 航班不存在!\n");
if(flag)
{   if(prior==p1->CustName && !tag)
    {//若首结点满足条件, 则该航班订票乘客置空
        if(prior->Next==NULL)            //仅一个乘客, 头指针置空
        {   p1->Free_Amount += prior->Amount;
            p1->CustName=NULL;
        }
        else
        {
            p1->Free_Amount += prior->Next->Amount;
            p1->CustName = prior->Next;        //指向下一乘客结点
        }
    }//endif
    else
    {
```

```
            p1->Free_Amount += prior->Next->Amount;
            prior->Next = prior->Next->Next;      //删除操作
        }
        Customer_Count--;
        if(Customer_Count==0)    IsEmpty = 1;
        shouldsave=1;
    }//end if(flag)
    if(flag)
    {//存在退票操作
        c3=p1->ReplName;
        while(c3!=NULL)
        {
            if(c3->Amount<=p1->Free_Amount)
            { //候补乘客的订票数小于或等于余票量
                printf ("\n\t 候补乘客已经存在!\n");
                c4=(Customer*)malloc(sizeof(Customer)); //分配新结点
                Custp1[Flight_No]->Next=c4;
                c4->Next=NULL;
                IsEmpty=0;
                if(p1->CustName==NULL)    p1->CustName=c4;
                strcpy(c4->Name,c3->Name);
                c4->Rank = c3->Rank;
                c4->Amount = c3->Amount;
                c4->IDinfor = IDinfor;
                p1->Free_Amount -= c3->Amount;  //减去相应的票数
                Customer_Count++;
                if(c3->Next==NULL)  IsReplace=1;  //无候补乘客
                if(p1->ReplName==c3)
                {
                    if(p1->ReplName->Next==NULL)
                        p1->ReplName=NULL;        //删除
                    else   p1->ReplName = c3->Next;
                }
                else  c5->Next=c3->Next->Next;
                break;
            }//endif
            if(c3->Next!=NULL)
            if(c3->Next->Amount<=p1->Free_Amount)
            c5=c3;
            c3=c3->Next;                          //指向下一候补乘客结点
            shouldsave=1;
        }//endwhile
        printf("\n\t 退票成功! ");  getch();
        return;
    }//endif                                      //存在此乘客
    shouldsave=1;
    if(Continue() =='n')    return;
    }//endwhile
}//end RefundticketMenu
```

```
//13.乘客管理子菜单函数
void CustomermagMenu()
{
    char c;
    system("cls");
    while(1)
    {
        printf ("\n\t\t 乘客管理菜单:\n");
        printf ("\n_____\n\n");
        printf ("\t    1.  乘客信息      \n");
        printf ("\t    2.  候补乘客信息 \n");
        printf ("\t    3.  返回主菜单     \n");
        printf ("\n_____\n");
        printf ("\t 请选择您想要的服务:");
            scanf("%s",&c);
        switch(c)
        {
         case '1':  Display_Reserve(); break;
         case '2':  Display_Replace(); break;
         case '3':  return;
         default: ErrorMess();
        }
    }
}//end
//14.主函数。设定界面的颜色大小,显示主界面,调用子模块函数
void main()                              //源代码参见:2.3.4 详细设计 2.(1)
```

2.3.7 用户手册

(1)本程序执行文件为"航空客运订票系统.exe"。

(2)进入本系统之后,随即显示系统主菜单运行界面。用户可在该界面下输入各子菜单前对应的数字并按回车键,执行相应子菜单命令。

(3)在进行各项操作之前,必须首先进入航班管理子菜单进行航班添加。成功办理退票业务的前提操作是必须有对应的订票业务。

2.4 课程设计题选

2.4.1 运动会分数统计系统

【问题描述】

参加运动会有 n 个学校,学校编号分别为 1,2,…,n,比赛分成 m 个男子项目和 w 个女子项目。项目编号分别为男子 1,2,…,m,女子 $m+1$,$m+2$,…,$m+w$。不同的项目取前 5 名或前 3 名积分;取前 5 名的积分分别为 7,5,3,2,1;取前 3 名的积分分别为 5,3,2;取前 5 名或前 3 名的项目由学生自己设定($m \leq 20$,$n \leq 20$)。

【基本要求】

(1)可以输入各个项目的前 3 名或前 5 名的成绩。

(2)能统计各学校总分。

（3）可以按学校编号、学校总分、男女团体总分排序输出。

（4）可以按学校编号查询学校某项目情况；可以按项目编号查询取得前 3 名或前 5 名的学校。

【测试数据】

若 $n = 4$，$m = 3$，$w = 2$，对编号为奇数的项目取前 5 名，编号为偶数的项目取前 3 名。

【实现提示】

可以假设 $m \leqslant 20$，$n \leqslant 20$，$w \leqslant 20$，姓名长度不超过 20 个字符。每个项目结束时，将其编号、类型符输入，并按名次顺序输入运动员姓名、学校名称和成绩。

【选做内容】

允许用户指定某项目采取其他名次取法。

2.4.2　约瑟夫环问题

【问题描述】

约瑟夫环问题是：编号为 1，2，…，n 的 n 个人按顺时针方向围坐一圈，每个人持有一个密码。一开始任选一个正整数作为报数上限值 m，从第 1 个人开始顺时针方向自 1 开始顺序报数，报到 m 时停止报数。报 m 的人出列，将他的密码作为新的 m 值，从他在顺时针方向上的下一个人开始重新从 1 报数，如此下去，直至所有人全部出列为止。

【基本要求】

利用单链表存储结构模拟此问题，按照出列顺序打印每个人的编号。

【测试数据】

m 的初值为 20，$n = 7$，7 个人的密码依次为 3，1，7，2，4，8，4。则首先出列的人的值为 6，之后，正确的出列顺序依次为 6，1，4，7，2，3，5。

【实现提示】

要求用户指定报数上限值，然后读取每个人的密码。此问题所用循环链表可以不需要头结点。

【选做内容】

添加顺序结构上的实现部分。

2.4.3　通讯录的制作

【问题描述】

编写一个小型通讯录管理系统，完成对相关人员信息的建立、显示、查找、插入、删除等操作。作为一个完整的系统，应该具有良好的界面和较强的容错能力。

【基本要求】

本系统应该完成以下几个方面的功能：

（1）输入信息 —— enter( )；

（2）显示信息 —— display( )；

（3）查找信息，以姓名作为关键字 —— search( )；

（4）删除信息 —— delete( )；

（5）信息存盘 —— save ( )；

（6）信息装入 —— load( )；

【测试数据】

每条信息至少包含以下几项：

（1）姓名（NAME ）；

（2）街道（STREET）；

（3）城市（CITY）；

（4）国家（STATE）；

（5）电话（TEL）。

【实现提示】

可以采用双向链表结构进行设计。信息的录入和存储需要用到 C 语言文件的读、写功能。

2.4.4　集合的并、交和差运算

【问题描述】

设计一个程序实现两个集合的并（∪）、交（∩）、差（一）运算。

【基本要求】

（1）集合的元素限定为小写字母字符集 ['a', 'b', …, 'z']；

（2）程序的执行以用户和计算机对话的方式进行。

【测试数据】

（1）　Set1 = "magazine"，Set2 = "paper"；

　　　　Set1∪Set2 = "aegimnprz"，Set1∩Set2 = "ae"，Set1一Set2 = "gimnz"；

（2）Set1 = "012oper4a6tion89"，Set2 = "error data"；

　　　　Set1∪Set2 = "adeinoprt"，Set1∩Set2 = "aeort"，Set1一Set2 = "inp"。

【实现提示】

以有序链表结构表示集合。

【选做内容】

（1）集合的元素判定和子集判定运算；

（2）求集合的补集；

（3）集合的混合运算表达式求值；

（4）集合的元素类型推广。

第 3 章　栈、队列及其应用

栈和队列是两种特殊的线性结构。栈只允许在表的一端进行插入和删除操作；而队列只允许在表的一端进行插入，在表的另一端进行删除操作。栈和队列被广泛地应用于各种程序设计中。本章课程设计选取的实例能充分显示栈和队列的特性，便于读者在实际应用中灵活运用它们。

3.1　本章知识要点

栈和队列也称操作受限的线性表。栈是按照"后进先出"的原则组织数据的，称为"后进先出"表。队列是按照"先进先出"的原则组织数据的，称为"先进先出"表。和线性表类似，栈和队列也有两种存储结构：顺序存储结构和链式存储结构。

3.1.1　栈的存储结构

1. 栈的顺序存储表示

顺序栈采用数组的方式存储数据。顺序栈的类型定义如下：

```
typedef struct
{
    SElemType *base;          //栈底指针
    SElemType *top;           //栈顶指针
    int stacksize;            //栈的最大容量，以元素为单位
}SqStack;
```

2. 栈的链式存储表示

链栈是运算受限的单链表。链栈的类型定义如下：

```
typedef struct stacknode
{
    DataType    data;
    struct stacknode    *next;
}StackNode;              //栈结点类型
typedef struct
{
    StackNode  *top;     //栈顶指针
    int stacksize;       //栈中元素的个数
}LinkStack;              //链栈类型
```

其中，LinkStack 结构类型的定义是为了方便在函数体中修改 top 指针。链栈示意图如图3-1 所示。

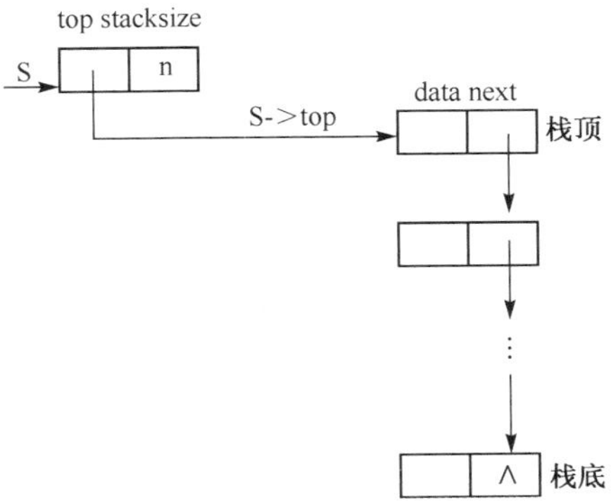

图 3-1　链栈示意图

3.1.2　队列的存储结构

1．队列的顺序存储表示

队列的顺序存储结构用一组地址连续的存储单元依次存放队列中的各个元素，并用指针 front 指向队头，指针 rear 指向队尾。简单的顺序队列会产生"假溢出"及队列空和队列满混淆的情况，而循环队列可以有效地避免这两个问题，循环队列的类型定义如下，其示意图如图3-2所示。

```
typedef struct
{
    QElemType   *base;        //数据存储区起始地址
    int    front;             //头指针，指向队头元素
    int    rear;              //尾指针，指向队尾元素的下一个位置
}SqQueue;
```

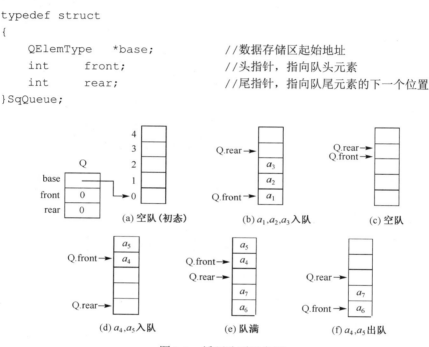

图 3-2　循环队列示意图

2．队列的链式存储表示

链队列采用带头结点的链表结构，并设置一个队头指针和一个队尾指针。队头指针始终指向头结点，队尾指针指向当前队中最后一个结点。

链队列的类型定义如下，其示意图如图3-3所示。

```
typedef struct QNode
{ //链队列元素结点类型
    QueueElementType   data;
    struct QNode   *next;
}QNode,* QueuePtr;

typedef struct
{ //链队列类型
    QueuePtr   front;
    QueuePtr   rear;
}LinkQueue;
```

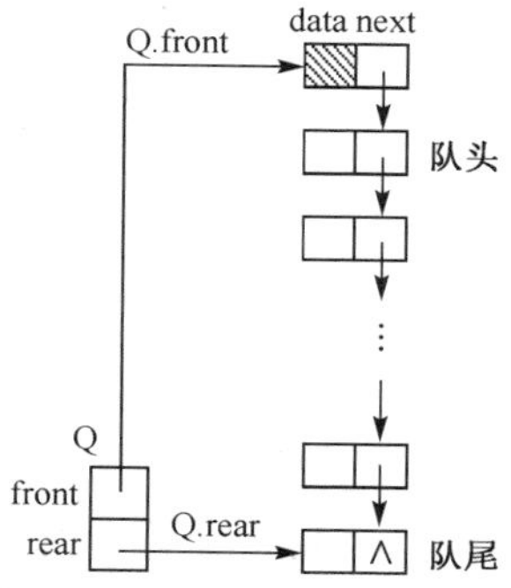

图 3-3　链队列示意图

3.2　"表达式求值问题"的设计与实现

3.2.1　设计要求

1．问题描述

任何一个表达式都是由操作数（operand）、运算符（operator）和界限符（delimiter）组成的。其中，操作数可以是常量，也可以是变量；运算符可以是算术运算符、关系运算符和逻辑运算符；界限符是左、右括号和标志表达式结束的结束符。在本课程设计中，仅讨论简单算术表达式的求值问题，约定表达式中只包含加、减、乘、除 4 种运算，所有的运算对象均为简单变量，表达式的结束符为"#"。

要求以字符序列的形式从终端输入语法正确、不含变量的整数表达式。利用已知的运算符优先关系，实现对算术表达式的求值。

2．需求分析

这是一个利用栈结构完成的程序。为了实现运算符优先算法，我们使用两个工作栈，一个称为运算符栈（OPTR），用来寄存运算符；另一个称为操作数栈（OPND），用来寄存操作数或运算结果。算法的基本思想是：

（1）首先置操作数栈（OPND）为空栈，表达式结束符"#"为运算符栈（OPTR）的栈底元素。

（2）依次读入表达式中每个字符，若是操作数，则入操作数栈（OPND）；若是运算符，则和运算符栈（OPTR）的栈顶运算符比较优先级后做相应操作（具体操作见 3.2.2 中 3. 算术优先级设计），直至整个表达式求值完毕即运算符栈（OPTR）的栈顶元素和当前读入的字符均为"#"。

3.2.2　概要设计

1．主界面设计

算术表达式求值程序界面设计并不复杂，有提示表达式输入及结束符的信息即可。运行界面如图3-4所示。

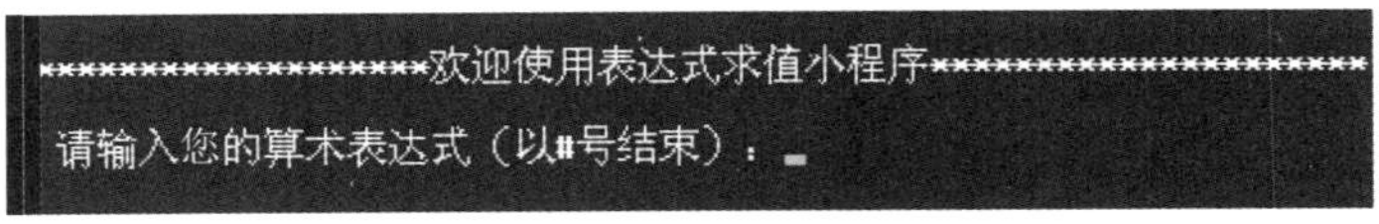

图 3-4　"表达式求值问题"运行界面

2．存储结构设计

本系统采用顺序栈结构（stack）存储表达式计算过程中的数据。程序中需要建立两个栈，一个栈用来寄存运算符，另一个栈用来寄存操作数和运算结果。

3．算术优先级设计

对于算术优先级的算法设计，有如下一些相关存储结构和函数。

数组名为 ch 的数组存放所有运算符，数组名为 f1 的数组存放栈内运算符的优先级，数组名为 f2 的数组存放栈外运算符的优先级，通过函数 cton 可将运算符 +, −, *, /, （, ）# 转化成整型数字 0，1，2，3，4，5，6，如表 3-1 所示。

表 3-1　运算符优先级

运算符	+	−	*	/	(	)	#
转化成整型数字	0	1	2	3	4	5	6
栈内操作符的优先级	3	3	5	5	1	6	0
栈外操作符的优先级	2	2	4	4	6	1	0

当判断当前运算符 c 是否入运算符栈（OPTR）时，进行如下操作：

（1）将运算符栈（OPTR）的栈顶运算符和当前运算符 c 分别通过 cton 函数转换成整型数字。假设，用 i_1 表示转化成整型数字的栈顶运算符，i_2 表示转化成整型数字的当前运算符 c。

（2）用 Compare 函数比较数组元素 f1[i_1] 和 f2[i_2] 的优先级高低。

① 如果 f1[i_1] > f2[i_2]，那么函数返回值为"＞"，表示当前运算符的优先级较低，栈顶运算符是目前优先级最高的运算符，因此将进行栈顶运算符出栈并进行相应的运算。具体步骤如下：

首先，将运算符栈（OPTR）栈顶元素出栈，并用变量 t 存放；然后从操作数栈（OPND）弹出一个栈顶元素并用变量 b 存放，继续从操作数栈（OPND）弹出下一个栈顶元素，并用变量 a 存放；最后，将 a、b 两个操作数通过运算符 t 做算术运算，运算结果仍入操作数栈（OPND）。运算完毕后，继续扫描表达式。

② 如果 f1[i_1] < f2[i_2]，那么函数返回值为"＜"，表示当前运算符的优先级较高，应继续扫描表达式等待优先级更高的运算符出现。此时暂不进行数据运算，只需将当前运算符 c 入运算符栈（OPTR）。

③ 如果 f1[i_1] = f2[i_2]，那么函数返回值为"＝"，表示界限符（各种括号和"#"）内的式子已计算完毕，只需将运算符栈（OPTR）的栈顶元素出栈并结束运算，输出操作数栈的栈顶元素即为计算结果。

3.2.3　模块设计

1. 系统模块设计

本程序包含 3 个模块：主程序模块、计算模块和顺序栈操作模块，调用关系如图3-5所示。

图 3-5　模块调用关系

2. 系统子程序及功能设计

本系统共设置 10 个函数，其中包括主函数。各函数名及功能说明如下。

```
（1）elemtype cton(char c)                         //把运算符转换成相应的数字，并返回其值
（2）char compare(char c1,char c2)                 //通过原来的设定比较两个字符的优先级
（3）int operate(elmtype a,elmtype t,elmtype b)    //进行四则运算，并返回结果
（4）int EvaluateExpression()                       //实现表达式的求值，返回表达式的计算结果
```

以下编号（5）～（9）是顺序栈的基本操作。

```
（5）elemtype Gettop(sqstack s)                    //取栈顶元素
```

```
(6) void Initstack(sqstack *s)           //初始化栈
(7) void Pop(sqstack *s,elemtype *x)     //出栈
(8) void Push(sqstack *s,elemtype x)     //入栈
(9) bool StackEmpty(sqstack S)           //判断栈是否为空
(10) void main()              //主函数,设定界面的颜色和大小,调用计算模块函数
```

3. 函数主要调用关系图

本系统 10 个函数之间的主要调用关系如图3-6所示,图中数字是各函数的编号。

3.2.4 详细设计

1. 数据类型定义

(1)顺序栈定义。

```
typedef struct sqstack
{
    elemtype stack[MAXSIZE];
    int top;
}sqstack;
```

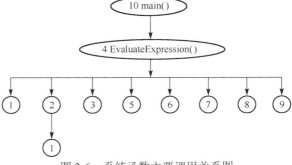

图 3-6 系统函数主要调用关系图

(2)全局变量定义。

```
char ch[7]={'+', '-', '*', '/', '(', ')', '#'};   //存放运算符的字符数组
int f1[7]={3, 3, 5, 5, 1, 6, 0};                  //栈内元素优先级
int f2[7]={2, 2, 4, 4, 6, 1, 0};                  //栈外元素优先级
int n=0;
```

2. 系统主要子程序详细设计。

(1)主函数模块设计。

主函数,设定界面的颜色和大小,调用计算模块函数。

```
main()
{   int result,n;
    system("color 1f");                          //屏幕颜色设定
    system("mode con: cols=80 lines=35");
    do{
        printf("\n\n*********欢迎使用表达式求值小程序**********\n\n");
        printf("请输入您的算术表达式(以#号结束): ");
        result=EvaluateExpression();
        printf("\n  表达式的计算结果是 :%d ",result);
        printf("\n  继续,输入数字1; 退出,输入数字0;  n=");
        scanf("%d",&n); fflush(stdin);
    }while(n!=0);
    printf("\n*********感谢使用表达式求值小程序**********\n\n");
    system("pause");//程序界面停留
    return 0;
}
```

(2)计算模块设计。

```
int EvaluateExpression()
{//4. 实现表达式的求值, 返回表达式的计算结果
    char c;
    int i=0,sum=0;
    int k=1,j=1;                            //设置了开、关变量
    elemtype x,t,a,b;
    sqstack OPTR,OPND;
    Initstack(&OPTR);                       //初始化运算符栈
    Push(&OPTR,cton('#'));                  //#压入运算符栈
    Initstack(&OPND);                       //初始化操作数栈
    c=getchar();
    while(c!='#' || ch[Gettop(OPTR)]!='#')
    {
        if(isdigit(c))
        {
            sum=0;
            while(isdigit(c))          //判断c是否为数字
            {
                if(!j)                     //j用来进行数字串的转换判断, j为0时转换
                {
                    sum=sum*10-(c-'0');
                }
                else sum=sum*10+(c-'0');      //字符c转换成对应数
                c=getchar();
            }                 //若当前c不为数字, 则把之前的数字串转化成十进制数再压栈
            Push(&OPND,sum);
            j=1;
        }
        else if(k)
        {
            switch(Compare(ch[Gettop(OPTR)],c))
            {
                case'<': Push(&OPTR,cton(c));     //把字符整型化, 然后入运算符栈
                         c=getchar();
                         break;
                case'=': Pop(&OPTR,&x);           //运算符栈栈顶元素出栈
                         c=getchar();
                         break;
                case'>': Pop(&OPTR,&t);           //运算符栈栈顶元素出栈
                         Pop(&OPND,&b);           //操作数栈栈顶元素出栈
                         Pop(&OPND,&a);           //操作数栈栈顶元素出栈
                         Push(&OPND,Operate(a,t,b));
                         break;
            }
        }
    }//endwhile
    return(Gettop(OPND));
}//endEvaluateExpression
```

3.2.5 测试分析

按照提示输入算术表达式及结束符 "#" 后，系统会给出计算结果。例如，输入算术表达式 1000+58*3–1500/10+2016 及结束符 "#" 后的计算结果如图3-7所示。

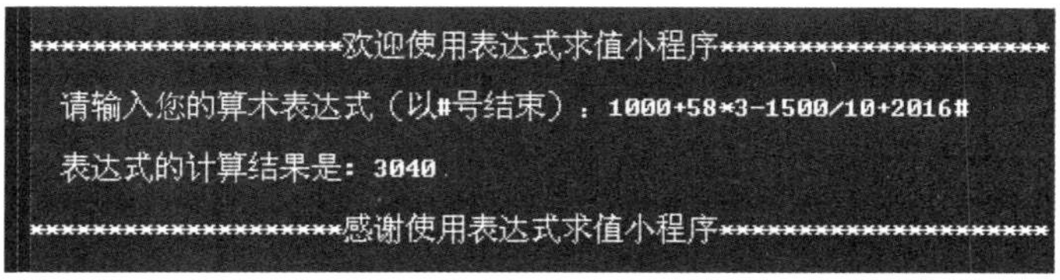

图 3-7 表达式求值结果

3.2.6 源程序清单

```c
#include <malloc.h>
#include <stdio.h>
#include <ctype.h>                        //判断是否为字符函数的头文件
#include<stdlib.h>
#define MAXSIZE 100
typedef int bool;
#define true 1
#define false 0
typedef int elemtype;
char ch[7]={'+','-','*','/','(',')','#'};   //运算符字符数组
int f1[7]={3,3,5,5,1,6,0};                //栈内元素优先级
int f2[7]={2,2,4,4,6,1,0};                //栈外元素优先级
int n=0;
typedef struct sqstack
{//顺序栈结构
    elemtype stack[MAXSIZE];
    int top;
}sqstack;
//1.把运算符转换成相应的数字,并返回其值
elemtype cton(char c)
{
  switch(c)
  {
     case '+':  return 0;
     case '-':  return 1;
     case '*':  return 2;
     case '/':  return 3;
     case '(':  return 4;
     case ')':  return 5;
     default:   return 6;
  }
}
//2.通过原来的设定比较两个字符的优先级
```

```
char Compare(char c1, char c2)
{
    int i1=cton(c1);
    int i2=cton(c2);                        //把字符变成数字
    if(f1[i1]>f2[i2])  return '>';          //通过原来的设定找到优先级
    else if (f1[i1]<f2[i2])  return '<';
    else  return '=';
}
```

//3．进行四则运算，并返回结果

```
int Operate(elemtype a, elemtype t, elemtype b)
{
    int sum;
    switch(t)
    {
        case 0:   sum=a+b;  break;
        case 1:   sum=a-b;  break;
        case 2:   sum=a*b;  break;
        default:  sum=a/b;
    }
    return sum;
}
```

//4．实现表达式的求值，返回表达式的计算结果

```
 int EvaluateExpression()                   //源代码参见：3.2.4 详细设计 2.(2)
```

//5．取栈顶元素

```
elemtype Gettop(sqstack s)
{
        if(s.top==0)
        {
            printf("ERROR,underflow\n");   return 0;
        }
        else
            return s.stack[s.top];
}
```

//6．初始化栈

```
void Initstack(sqstack *s)
{
    s->top=0;
}
```

//7．出栈

```
void Pop(sqstack *s, elemtype *x)
{
    if(s->top==0)   printf("ERROR,Underflow!\n");
    else
    {
        *x=s->stack[s->top];
        s->top--;
    }
}
```

//8．入栈

```
void Push(sqstack *s,elemtype x)
{
    if (s->top==MAXSIZE-1)   printf("ERROR,Overflow!\n");
    else
```

```
        {
            s->top++;
            s->stack[s->top]=x;
        }
    }
//9. 判断栈是否为空
bool StackEmpty(sqstack S)
{
        if (S.top == 0)    return true;
        else    return false;
}
//10. 主函数，设定界面的颜色和大小，调用计算模块函数
void main()                              //源代码参见：3.2.4 详细设计 2.(1)
```

3.2.7　用户手册

（1）本程序执行文件为"表达式求值问题.exe"。

（2）所求表达式中只能包含加、减、乘、除 4 种运算，所有的运算对象均为简单变量，输入表达式的结束符为"#"。

（3）输入表达式时，以"#"结束，然后按回车键即可得到计算结果。

3.3　"银行排队系统"的设计与实现

（演示视频）

3.3.1　设计要求

1．问题描述

试设计一个银行排队系统，模拟一般银行的日常对外营业服务，包括顾客到达、等待、办理业务及离开等事件。要求体现"先来先服务"的原则，将传统物理的多个顾客排队队列变为一个逻辑队列处理，顾客只需取票（即刻进队，排队），等待叫号即可。

2．需求分析

假设某银行有 n 个窗口开展对外接待业务，从早晨银行开门起不断有顾客进入。顾客在人数众多时需要选择窗口排队，约定规则如下：

（1）顾客到达银行时能拿到排队号码，并能知道需要等待的人数。如果是 VIP 顾客，那么直接进入 VIP 窗口办理，无须加入普通顾客的等待。

（2）可以查看每个银行窗口正在给几号顾客办理业务。

（3）顾客离开银行时，可以对银行窗口职员的服务进行评价。

3.3.2　概要设计

1．主界面设计

为了实现"银行排队系统"的各项功能，首先需要设计一个含有多个菜单项的主菜单子程序，其可链接系统的各项子功能，方便用户使用本系统。本系统主菜单运行界面如图 3-8 所示。

图3-8 "银行排队系统"主菜单运行界面

2. 存储结构设计

本系统采用链式队列存储银行排队系统中的顾客编号信息，用结构数组存放办理银行业务的窗口编号信息。

3. 系统功能设计

本系统分为以下6个功能模块。

（1）顾客到达。分为VIP顾客和普通顾客进行排队拿号，普通顾客进入逻辑队列。

（2）顾客离开。顾客离开时将该顾客从队列中删除，并提供让顾客对银行窗口职员评价的平台。

（3）查看业务办理。可以查看每个业务窗口正在给第几号顾客办理业务。

（4）查看排队情况。可以查看当前顾客前有多少个顾客在排队等待。

（5）系统查询。可以查询本系统的业务量，显示办理过业务的顾客数。

（6）退出。退出"银行排队系统"。

3.3.3 模块设计

1. 系统模块设计

本程序包含3个模块：主程序模块、菜单选择模块和队列操作模块。调用关系如图3-9所示。

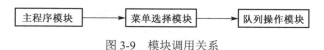

图3-9 模块调用关系

2. 系统子程序及功能设计

本系统共设置14个函数，包括主函数。各函数名及功能说明如下。

```
(1) void Initshuzu()              //初始化数组(银行业务窗口)
(2) void print1()                 //输出数组(银行业务窗口)界面
(3) void print2()                 //输出排队等候队列界面
(4) void daoda(int x)             //顾客到达事件算法，调用(11)
(5) void likai(int x)             //顾客离开事件算法，调用(12)
```

```
（6）int guitai()                          //判断输入的柜台号是否正确
（7）int pingfeng()                        //判断输入的评价分数是否正确
（8）void mygrade()                        //主评分函数，调用（6）和（7）
（9）void VIP(int x)                       //VIP顾客认证
（10）void mytime()                        //时间函数
```

以下函数编号（11）～（13）是队列的基本操作。

```
（11）void Enqueue(Linkqueue *Q,int elem)  //进队列
（12）int Dlqueue(Linkqueue *Q)            //出队列
（13）void Initqueue()                     //初始化队列
（14）void main()                          //主函数，设定界面的颜色和大小，调用工作区模块函数
```

3．函数主要调用关系图

系统函数主要调用关系如图3-10所示。

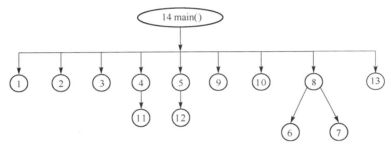

图 3-10　系统函数主要调用关系图

3.3.4　详细设计

1．数据类型定义

（1）数组的结构体定义。

```
typedef struct List
{
  int A[n+1];                 //顾客用来办理业务的 n 个窗口
  int len;                    //表示数组中的元素个数
}List;
```

（2）链表结点的结构体定义。

```
typedef struct Lnode          //链表结点类型
{
  int data;
  struct Lnode *next;
}Lnode;
```

（3）链式队列的结构体定义。

```
typedef struct Linkqueue      //链式存储的等候队列的类型定义
{
  Lnode *front;
  Lnode *rear;
}Linkqueue;
```

（4）全局变量的定义。

```
int VIP1=0;                                    //VIP 顾客计数
float sum1=0,sum2=0,sum3=0,sum4=0,sum5=0;       //n 号窗口的服务顾客总人数
List L;
Linkqueue Q;
```

2. 系统主要子程序详细设计

（1）顾客到达函数。

```
void daoda(int x)
{ //处理到达事件
    int i=L.len+1;
    if (L.len<n)                                //如果数组 L 长度小于柜台个数 n
    { //将到达顾客的顾客编号存入数组
        L.A[i]=x;
        i++;  L.len++;
    }
    else  Enqueue(&Q,x);                         //顾客进入等待队列
}
```

（2）顾客离开时间处理函数。

```
void likai(int x)
{ //处理离开事件
    int i=0,j=1;
    int y;
    do
    {
      if (x>L.len)
      {
          printf("  输入有误！\n 请重新输入：");
          scanf("%d",&x);
          j++;
      }
      else  for(i=0;i<=L.len;i++)
          {
            if(i==x)
            {
                printf("  尊敬的%d 号顾客您好！\n",x);
                L.A[i]=0;
                L.len--;
                if(Q.front!=Q.rear)
                {
                    y=Dlqueue(&Q);          //x 出等待队列
                    L.A[i]=y;
                    L.len++;
                }
            }
          }//for
    }while(i==0 && j<3);
    if(j==3)
    {
```

```
        printf("  再见！欢迎下次光临！");          //当输入>=3时，退出系统
        exit(0);
      }
  }//likai
```

（3）银行窗口业务查询输出函数。

```
void print1()
{ //输出办理业务的顾客数组
    int i;
    printf("  正在办理业务的顾客编号为：  一号柜台      二号柜台      三号柜台\n");
    printf("                              ");
    for( i=1; i<=L.len; i++)
    {
        printf("%d 号顾客        ",L.A[i]);
    }
    printf("\n");
}
```

（4）顾客排队等候人数查询函数。

```
void print2()
{ //输出办理业务排队顾客队列
    int i=0;
    printf("  正在等候办理业务的顾客编号为：");
    Lnode *s=Q.front->next;                      //指向等待队列 q
    while(s!=NULL)
    {
        printf("%d ",s->data);                   //输出结点 s 的顾客编号值
        s=s->next;  i++;
    }
    printf("\n  您的前面一共有%d 人在排队,请您稍候！",i);  printf("\n");
}
```

3.3.5　测试分析

系统主菜单运行界面如图3-8 所示。各子功能测试运行结果如下。

1．顾客到达

在主菜单下，顾客输入 1 并按回车键，运行结果如图 3-11 所示。VIP 顾客输入 1 并按回车键，进入 VIP 顾客办理业务界面；普通顾客输入 2 并按回车键，进入普通顾客办理业务界面。

图 3-11　顾客到达界面

2．顾客离开

在主菜单下，顾客输入 2 并按回车键，进入顾客离开界面。根据提示输入顾客编号可以

对银行窗口职员进行服务评价;输入正确的服务柜台号可以进行服务评分;系统之后会显示该顾客办理业务的时长。运行结果如图3-12所示。

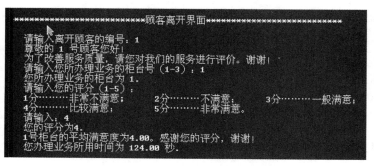

图 3-12　顾客离开界面

3．查看业务办理

在主菜单下,顾客输入 3 并按回车键,可以进入业务查询界面,此界面提供了每个柜台正在为第几号顾客办理业务的信息,运行结果如图3-13所示。

图 3-13　业务查询界面

4．查看排队情况

在主菜单下,顾客输入 4 并按回车键,进入排队查询界面,可以查看有多少位顾客正在排队等候,运行结果如图3-14所示。

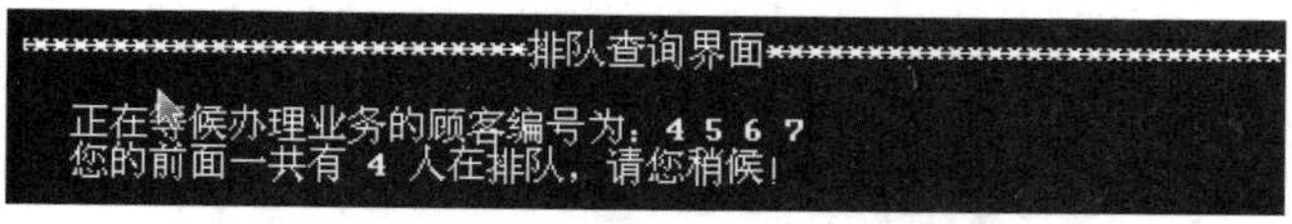

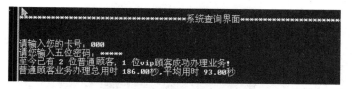

图 3-14　排队查询界面

5．系统查询

在主菜单下,顾客输入 5 并按回车键,进入系统查询界面,输入查询卡号和密码后,可以查看整个系统总的服务顾客数和办理业务所花的总时间(查询卡号为 000,密码为 1111␣,密码的最后一位是空格,用␣表示,下同),运行结果如图3-15所示。

图 3-15　系统查询界面

6．退出

在主菜单下,顾客输入 6 并按回车键,即退出"银行排队系统"。

3.3.6　源程序清单

```
#include <stdio.h>
#include <malloc.h>
#include <stdlib.h>
#include <conio.h>
#include <time.h>
#define n 3                                    //银行柜台个数
int VIP1=0;                                     //VIP 顾客计数
int y,z;                                        //y 为评分, z 为柜台号
float sum1=0,sum2=0,sum3=0,sum4=0,sum5=0;       //每个柜台的评分总数
float i1=0,i2=0,i3=0,i4=0,i5=0;
float ave1=0,ave2=0,ave3=0,ave4=0,ave5=0;
typedef struct List
{
  int A[n+1];                //顾客用来办理业务的 n 个窗口
  int len;                   //表示数组中的元素个数
}List;
typedef struct Lnode
{        //链表结点类型
  int data;
  struct Lnode *next;
}Lnode;
typedef struct Linkqueue
{        //链式存储的等候队列的类型定义
  Lnode *front;
  Lnode *rear;
}Linkqueue;
List L;
Linkqueue Q;
//1. 初始化数组(银行业务窗口)
void Initshuzu()
{   int i
    for(i=1; i<=n; i++)
    L.A[i]=0;                  //元素值为 0，表示编号为 i 的窗口当前状态为空
    L.len=0;
}
//2. 输出数组(银行业务窗口)界面
void print1()              //源代码参见：3.3.4 详细设计 2.(3)
//3. 输出排队等候队列界面
void print2()              //源代码参见：3.3.4 详细设计 2.(4)
//4. 顾客到达事件算法
void daoda(int x)          //源代码参见：3.3.4 详细设计 2.(1)
//5. 顾客离开事件算法
void likai(int x)          //源代码参见：3.3.4 详细设计 2.(2)
//6. 判断输入的柜台号是否正确
int  guitai()
{
    int y=0;
    printf("  请输入您所办理业务的柜台号（1-3）: ");
    scanf("%d",&y);
    if(y<1||y>3)               //判断不正确的柜台号
```

```
    {
        printf("  您输入的柜台号有误，请重新输入！\n");
        printf("  请输入您所办理业务的柜台号（1-3）: ");    scanf("%d",&y);
    }
    else
        printf("  您所办理业务的柜台为%d.\n",y);
    return y;
}
//7. 判断输入的评价分数是否正确
int  pingfeng()
{
    int y=0;
    printf("  请输入您的评分（1-5）: \n 1 分……非常不满意；  2 分……不满意；
            3 分……一般满意；\n  4 分……比较满意；\n 5 分……非常满意。\n");
    printf("  请输入: ");
    scanf("%d",&y);
    if(y<1|| y>3)                          //判断不正确的柜台号
    {
        printf("  您输入评分有误，请重新输入！\n");
        printf("  请输入您的评分（1-5）: ");
        scanf("%d",&y);
    }
    else  printf("  您的评分为%d.\n",y);
    return y;
}
//8. 主评分函数
void mygrade()
{
    printf("  为了改善服务质量，请您对我们的服务进行评价。谢谢！\n");
    z=guitai();
    y=pingfeng();
    switch (z)                    //柜台评分处理
    {
        case 1: sum1+=y;  i1++;        //1 号柜台评分处理
                ave1=sum1/i1;
                printf("  %d 号柜台的平均满意度为%0.2f。感谢您的评分，谢谢！\n",
                    z,ave1);
                break;
        case 2: sum2+=y;  i2++;        //2 号柜台评分处理
                ave2=sum2/i2;
                printf("  %d 号柜台的平均满意度为%0.2f。感谢您的评分，谢谢！\n",
                    z,ave2);
                break;
        case 3: sum3+=y;  i3++;        //3 号柜台评分处理
                ave3=sum3/i3;
                printf("  %d 号柜台的平均满意度为%0.2f。感谢您的评分，谢谢！\n",
                    z,ave3);
                break;
      default:  printf("  您的输入有误，请重新输入！\n");
    }
  getch();
```

```
}
//9. VIP 顾客认证
void VIP(int x)
{
    int i, a=x , k=0;
    char ch[3];
    switch(a)
    {
        case 1:
        {
            printf(" 请输入您的卡号: ");  scanf("%d",&i);
            printf(" 请您输入五位密码: ");
            while(ch[k-1]!=' ')                    //空格符为密码输入的结束符
            {
                ch[k]=getch();  k++;
                printf("*");
            }
            //符合 VIP 顾客的具体账户和密码
            if (i==100 && ch[0]=='1' && ch[1]=='1' && ch[2]=='1' && ch[3]=='1')
            {
                printf("\n 尊敬的VIP顾客您好,请您直接到VIP区办理业务!\n");
                VIP1++;
            }
            else if (i==200 && ch[0]=='2' && ch[1]=='2' && ch[2]=='2' &&
                    ch[3]=='2')
            {
                printf("\n 尊敬的VIP顾客您好,请您直接到VIP区办理业务!\n");
                VIP1++;
            }
            else if(i==300 && ch[0]=='3' && ch[1]=='3' && ch[2]=='3'&&
                    ch[3]=='3')
            {
                printf("\n 尊敬的VIP顾客您好,请您直接到VIP区办理业务!\n");
                VIP1++;
            }
            else if(i==400 && ch[0]=='4' && ch[1]=='4' && ch[2]=='4'&&
                    ch[3]=='4')
            {
                printf("\n 尊敬的VIP顾客您好,请您直接到VIP区办理业务!\n");
                VIP1++;
            }
            else if(i==500 && ch[0]=='5' && ch[1]=='5' && ch[2]=='5'&&
                    ch[3]=='5')
            {
                printf("\n 尊敬的VIP顾客您好,请您直接到VIP区办理业务!\n");
                VIP1++;
            }
            else printf("\n 您的输入有误! \n");
            break;
        }//endcase1
        default: break;
    }//endswitch
```

```
    }//endVIP

//10．时间函数
void mytime()
{
    time_t timep;
    time (&timep);
    printf("                        现在时刻：%s",ctime(&timep));
}
//11．进队列
void Enqueue(Linkqueue *Q, int elem)
{   //elem进入等待顾客队列
    Lnode *s;
    s=(Lnode*)malloc(sizeof(Lnode));
    s->data=elem;
    s->next=NULL;
    Q->rear->next=s;
    Q->rear=s;
}//end Enqueue
//12．出队列
int Dlqueue(Linkqueue *Q)
{
    Lnode *t;
    int x;
    if(Q->front==Q->rear)
    {
        printf("队列为空！\n");
        exit(1);
    }
    else
    {   //等待顾客t结点出队
        t=Q->front->next;
        Q->front->next=t->next;
        x=t->data;
        free(t);
        return x;
    }
}
//13．初始化队列
 void Initqueue()
{
    Q.front=Q.rear=(Lnode *)malloc(sizeof(Lnode));
    Q.front->next=NULL;
}
//14．主函数，设定界面的颜色，调用工作区模块函数
void main()
{
    system("color 1f");                    //屏幕颜色设定
    system("mode con: cols=90 lines=35");
    time_t  a1,a2,a3,a4,a5,a6,a7,a8,a9,a10,start,end;
```

```
double  b1=0,b2=0,b3=0,b4=0,b5=0,b6=0,b7=0,b8=0,b9=0,b10=0,
allsum=0,average=0,xi=0;
double  A[10]={0,0,0,0,0,0,0,0,0,0};
int c, x, v=0,w=0;              //v 为办理顾客的计数，w 为已办理业务的顾客计数
Initshuzu();
Initqueue();
double sum=0;
while(1)
{
    printf("\n**********欢迎光临中国银行湖北二师分行***********\n");
    printf("\n                                              \n");
    printf("               1        顾客到达\n");
    printf("               2        顾客离开\n");
    printf("               3        查看业务办理\n");
    printf("               4        查看排队情况\n");
    printf("               5        系统查询\n");
    printf("               6        退出\n\n");
    mytime();
    printf("\n            提示：请按回车键进行下一步操作\n");
    printf("\n                                              \n");
    printf("*********************************************n");
    printf("  请输入：");
    scanf("%d",&c);
    switch(c)
    {
        case 1:
        {
            system("cls");
            printf("\n***********顾客到达界面*************\n\n");
            int k=0, a;
            printf("  请选择您的顾客类型:VIP 顾客请按 1;普通顾客请按 2.\n");
            printf("  请输入：");
            scanf("%d",&a);
            if (a==1)
            {  //调用 VIP 函数
                VIP(a);  getch();
            }
            else
            {
                v++;
                printf("  尊敬的普通顾客，您的业务号为%d.\n",v);
                daoda(v);                    //调用到达函数处理
                if(v==1)
                {
                    a1=time(NULL);           //顾客编号为 1 的到达时间
                    mytime();                //显示 v=1 的顾客到达时间
                    system("pause");
                }
                else if(v==2)
                {
                    a2=time(NULL);           //顾客编号为 2 的到达时间
                    mytime();
```

```
            system("pause");
        }
        else if(v==3)
        {
            a3=time(NULL);           //顾客编号为 3 的到达时间
            mytime();
            system("pause");
        }
        else if(v==4)
        {
            a4=time(NULL);           //顾客编号为 4 的到达时间
            mytime();
            system("pause");
        }
        else if(v==5)
        {
            a5=time(NULL);           //顾客编号为 5 的到达时间
            mytime();
            system("pause");
        }
        else if(v==6)
        {
            a6=time(NULL);           //顾客编号为 6 的到达时间
            mytime();
            system("pause");
        }
        else if(v==7)
        {
            a7=time(NULL);           //顾客编号为 7 的到达时间
            mytime();
            system("pause");
        }
        else if(v==8)
        {
            a8=time(NULL);           //顾客编号为 8 的到达时间
            mytime();
            system("pause");
        }
        else if(v==9)
        {
            a9=time(NULL);           //顾客编号为 9 的到达时间
            mytime();
            system("pause");
        }
        else if(v==10)
        {
            a10=time(NULL);          //顾客编号为 10 的到达时间
            mytime();
            system("pause");
        }
        else
        {
```

```
                printf("  请稍候拿号,谢谢! ");  //超过 10 个顾客,请稍候
                system("pause");
            }
        }
        system("cls");
        break;
    }//endcase1
    case 2:
    {
        system("cls");
        printf("\n***********顾客离开界面***********\n\n");
        printf("  请输入离开顾客的编号: "); scanf("%d",&x);
        likai(x);                         //调用离开函数处理
        mygrade();                        //调用服务评价函数处理
        w++;
        if(x==1)
        {
            end=time(NULL);   A[0]=difftime(end,a1);
            printf("  您办理业务所用时间为 %0.2f 秒.\n", A[0]);
        }
        else if(x==2)
        {
            end=time(NULL);   A[1]=difftime(end,a2);
            printf("  您办理业务所用时间为 %0.2f 秒.\n", A[1]);
        }
        else if(x==3)
        {
            end=time(NULL);    A[2]=difftime(end,a3);
            printf("  您办理业务所用时间为 %0.2f 秒.\n", A[2]);
        }
        else if(x==4)
        {
            end=time(NULL);    A[3]=difftime(end,a4);
            printf("  您办理业务所用时间为 %0.2f 秒.\n", A[3]);
        }
        else if(x==5)
        {
            end=time(NULL);   A[4]=difftime(end,a5);
            printf("  您办理业务所用时间为 %0.2f 秒.\n", A[4]);
        }
        else if(x==6)
        {
            end=time(NULL);   A[5]=difftime(end,a6);
            printf("  您办理业务所用时间为 %0.2f 秒.\n", A[5]);
        }
        else if(x==7)
        {
            end=time(NULL);   A[6]=difftime(end,a7);
            printf("  您办理业务所用时间为 %0.2f 秒.\n", A[6]);
        }
        else if(x==8)
        {
```

```
            end=time(NULL);    A[7]=difftime(end,a8);
            printf("  您办理业务所用时间为 %0.2f 秒.\n", A[7]);
        }
        else if(x==9)
        {
            end=time(NULL);    A[8]=difftime(end,a9);
            printf("  您办理业务所用时间为 %0.2f 秒.\n", A[8]);
        }
        else if(x==10)
        {
            end=time(NULL);    A[9]=difftime(end,a10);
            printf("  您办理业务所用时间为 %0.2f 秒.\n", A[9]);
        }
        allsum+=A[0];
        getch(); system("cls");
        break;
    }//endcase2
    case 3:
    {
        system("cls");
        printf("\n**********业务查询界面***************\n\n");
        printl();          //调用银行窗口业务查询输出函数
        getch();
        system("cls");
        break;
    }
    case 4:
    {
        system("cls");
        printf("\n***********排队查询界面***************\n\n");
        print2();           //调用顾客排队等候人数查询函数
        getch();
        system("cls");
        break;
    }
    case 5:
    {
        system("cls");
        printf("\n*************系统查询界面************\n\n");
        char cool[3];
        int i=0, k=0;
        printf("  请输入您的卡号: "); scanf("%d",&i);
        printf("  请您输入五位密码: ");
        while(cool[k-1]!=' ')
        {
            cool[k]=getch();   k++;    printf("*");
        }
        if(i==000 && cool[0]=='1' && cool[1]=='1' && cool[2]=='1'
            && cool[3]=='1')
        {
            average=allsum/w;
            printf("\n  至今已有 %d 位普通顾客, %d 位 VIP 顾客成功办理业
```

```
                                务!",w,VIP1);
                    printf("\n  普通顾客业务办理总用时 %0.2f 秒,平均用时
                            %0.2f 秒\n",allsum,average);
                }
                    getch();   system("cls");
                    break;
            }
                    return;
                    getch();   system("cls");
            case 6:
                    return;
                    getch();   system("cls");
            default: printf("  输入有误!请重新输入: \n");   getch();
                        system("cls");
            }//endswitch
        }//endwhile
    }//endmain
```

3.3.7　用户手册

（1）本程序执行文件为"银行排队系统.exe"。

（2）进入本系统之后，随即显示系统主菜单运行界面。顾客可在该界面下输入各子菜单前对应的数字，并按回车键执行相应子菜单命令。

（3）VIP 顾客有固定的卡号和密码，密码以空格结束，只有以下 5 组数据是合法的卡号和密码：（100，1111␣）、（200，2222␣）、（300，3333␣）、（400，4444␣）、（500，5555␣）。如果需要增加，可在 VIP 函数中增加数据。

（4）系统查询界面的查询卡号为 000，密码（密码的最后一位是空格）为 1111␣。

（5）本程序柜台号个数为 3，允许普通顾客数量为 10。

3.4　课程设计题选

3.4.1　停车场管理系统

【问题描述】

设计一个停车场管理系统，模拟停车场的运作。

假设停车场内只有一个大门供汽车进出，汽车按到达的先后次序停放。若场内已停满 n 辆车，则后来的车需在场外的便道上等候；当停车场内某辆车要离开时，在它之后进入的车辆必须先退出场外为它让路，待该车离开后再依原序返回停车场内。每辆车离开停车场时，应按其停留时间的长短缴纳费用（在便道上停留的时间不收费）。

【基本要求】

（1）以顺序栈模拟停车场，以链队列模拟场外的便道；当场内有车离开时，便道上的第 1 辆车进入。

（2）从终端输入汽车到达或离开的数据，每组数据包括 3 项：① "到达"或"离开"的信息；② 汽车牌照号码；③ "到达"或"离开"的时间。

（3）与每辆车的输入信息对应的输出信息为：① 如果是到达的车辆，则输出其在停车场或便道上的位置；② 如果是离开的车辆，则输出其在停车场内停留的时间和应缴纳的费用。

【实现提示】

另设一个栈，存放临时停放车辆信息，即场内车辆离开时为其让路而从车场退出的车辆的信息。

3.4.2　数制转换问题

【问题描述】

将十进制数 N 和其他 d 进制数之间进行转换是计算机实现计算的基本问题，解决方案很多，其中最简单的方法是除 d 取余法。例如，$(1348)_{10} = (2504)_8$，其转换过程如下：

N	$N \text{ div } 8$	$N \text{ mod } 8$
1348	168	4
168	21	0
21	2	5
2	0	2

从中可以看出，最先产生的余数 4 是转换结果的最低位，最后产生的余数 2 是转换结果的最高位，这正好符合栈的"后进先出"的特性。所以可以用顺序栈来模拟这个过程。

【基本要求】

从键盘输入任意一个非负十进制整数 N，输出与其等值的 d（$d = 2, 8, 16$）进制数。

【实现提示】

先将计算过程中得到的 d 进制数的余数依次进栈，待相对应的 d 进制数的各位均产生以后，再使其依次按顺序出栈并输出。

【测试数据】

由学生自己确定，注意测试边界数据。

3.4.3　键盘输入循环缓冲区问题

在操作系统中，循环队列经常用于实时应用程序。例如，当程序正在执行其他任务时，不影响用户从键盘输入内容信息。当系统在采用这种分时处理方法时，用户输入的内容不能在屏幕上立刻显示出来，直到当前正在工作的进程结束为止。此前，系统不断地检查键盘状态，如果用户输入了一个新的字符，那么会立刻把它存入系统缓冲区，然后继续运行原来的进程。在当前工作的进程结束后，系统再从缓冲区中取出用户输入的字符，并进行相应处理。

这里的键盘输入缓冲区采用了循环队列。队列的特性保证了输入的字符先输入、先保存和先处理的要求。循环队列同时又有效地限制了缓冲区的大小，避免了假溢出问题。下面实验模拟这种应用情况。

【问题描述】

（1）有两个进程同时存在于一个程序中。其中第 1 个进程在屏幕上连续显示字符 'A'，与此同时，程序不断检测终端键盘是否输入了内容，如果有，那么立即读入用户输入的字符并保存到输入缓冲区。

（2）在用户输入时，输入的字符并不立刻回显在屏幕上。当用户输入一个逗号（,）或分号（;）时，表示第 1 个进程结束，并启动第 2 个进程。

（3）第 2 个进程从缓冲区中读取那些之前已输入的字符并在屏幕上显示它们，第 2 个进程结束后，程序又进入第 1 个进程，重新显示字符（'A'）。

（4）同时用户又可以继续输入字符，直到用户输入一个分号（;），才结束第 1 个进程，同时也结束整个程序。

【实现提示】

以循环队列作为存储结构、循环语句模拟两个进程。

第 4 章　串结构及其应用

串又称字符串，是计算机进行非数值处理的基本对象，现在已作为一种常见的数据类型出现在各种程序设计语言中，同时也产生一系列字符串的操作。在计算机应用的各个领域中，都广泛使用到字符串的操作。

现今的计算机硬件结构主要反映了数值计算的需要，因此，处理字符串数据比处理整数和浮点数据复杂得多。而且，在不同类型的应用中，所处理的字符串具有不同的特点，要有效地实现字符串的处理，就必须根据具体情况使用合适的存储结构。

4.1　本章知识要点

4.1.1　串的定义及基本操作

1. 串的定义

串（string）是由零个或多个字符所组成的有限序列，记为 $S = "a_1a_2a_3\cdots a_n"$（$n \geq 0$）。其中，$S$ 是串名，用双引号括起来的是串值；a_i（$1 \leq i \leq n$）可以是字母、数字或其他字符。串中字符的数目 n 称为串长。零个字符的串称为空串（null string），其串长为零。

串中任意多个连续的字符组成的子序列称为子串。包含子串的串称为主串。通常将字符在序列中的位置称为该字符在串中的位置。而子串在主串中的位置则以子串的首字符在主串中的位置来表示。

当且仅当两个串的值相等时，称这两个串是相等的，即两个串的长度相等而且各个对应位置的字符都相等。

在 C 语言中，没有专门的字符串变量，只有字符串常量，而且用单引号作为字符常量的分界符，字符串常量是用双引号作为分界符的。为了能处理字符串变量，在 C 语言中用字符数组来存储和处理字符串。

2. 串的基本操作

常用的串的基本操作如下。

（1）StrLength(S)：返回串 S 的长度。

（2）StrAssign(*T,*chars)：将 chars 赋值给串 T。

（3）Concat(*T,S1,S2)：由 T 返回由 S1 和 S2 连接而成的新串。

（4）SubString(*Sub,*S,pos,len)：用 Sub 返回从串 S 的第 pos 个字符开始，长度为 len 的子串。len = 0 表示得到的是空串。

（5）Compare(S,T)：串比较。S、T 为两个字符串。若 S >T，则返回值 > 0；若 S = T，则返回值为 0；若 S < T，则返回值 < 0。

（6）Index(*S,*T,pos)：串的模式匹配。若 T 是 S 的子串，则返回 T 在 S 中第 pos 个字符之后首次出现的位置，否则返回 0。

（7）StrReplace(*S,*T,*V)：用串 V 替换主串 S 中出现的所有与 T 相等的不重叠的子串。

以上前 5 个串操作是最为基本的，它们不能用其他的串操作来合成，因此通常将这 5 个基本操作称为串的最小操作集。

4.1.2　串的存储结构

串的表示主要有：定长顺序存储表示、堆分配存储表示和块链存储表示等，下面介绍前两种表示方法。

1. 定长顺序存储表示

串的定长顺序存储表示是用一组地址连续的存储单元来存储串值的字符序列。在这种结构中，按预定的大小为每个定义的串分配一个固定长度的存储区。串的实际长度可在此范围内随意确定，对于超过预定义长度的串值则舍去。对于串的长度，通常有两种表示方法：一种方法是以下标为 0 的数组元素存放串的实际长度；另一种方法是在串值后加一个不计入串长的结束符。若采用前一种方法，串的定长顺序存储表示如图4-1所示。

图 4-1　串的定长顺序存储表示

2. 堆分配存储表示

串的堆分配存储表示也是用一组地址连续的存储单元来存放串值，但它们的存储空间是在程序运行时动态分配而得到的。即在程序运行时为每个新产生的串分配一块实际串长所需的存储空间，若分配成功，则返回指向该存储空间起始地址的指针，作为串的基址。串的堆分配存储结构定义如下，表示如图4-2所示。

```
typedef struct
{
    char    * ch;        //若是非空串,则按实际串长分配存储区,否则 ch 为 NULL
    int      length;     //串长度
}Hstring;
```

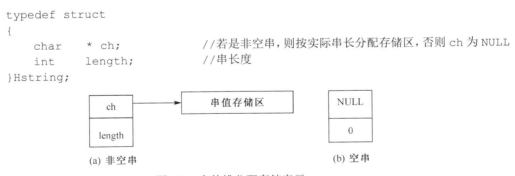

图 4-2　串的堆分配存储表示

4.1.3　串的模式匹配算法

设 S 和 T 是给定的两个串，串 T 非空。在串 S 中查找等于 T 的子串过程称为串的模式匹配（或子串定位）。如果在串 S 中找到了一个等于 T 的子串，则称匹配成功，函数返回 T 在 S 中首次出现的位置；否则匹配失败，返回 0。其中，S 称为主串，T 称为模式串。

常用的模式匹配算法有简单的模式匹配算法和改进的模式匹配算法。

1. 简单的模式匹配算法

基本思想：从主串 S 的第 pos 个字符起和模式串 T 的第 1 个字符进行比较，若相等，则继续逐个比较后续字符；否则从主串的下一个字符起再重新和模式串 T 的字符比较。这样比较下去直到模式串的每一个字符依次和主串的一个连续的子串相等，称为匹配成功，返回函数值为与模式串 T 中相等的那个子串的第 1 个字符在主串中的序号，若在主串 S 中没有一个和模式串 T 相等的子串，则称为匹配不成功，函数返回值为零。

设主串 $S=$ "ababcabcacfg"，模式串 $T=$ "abcac"，pos=1，算法过程示意如图4-3所示。

指针 i			3									
第 1 趟	a	b	a	b	c	a	b	c	a	C	f	g
	a	b	c									
指针 j			3									
指针 i			2									
第 2 趟	a	b	a	b	c	a	b	c	a	c	f	g
			a									
指针 j			1									
指针 i								7				
第 3 趟	a	b	a	b	c	a	b	c	a	c	f	g
			a	b	c	a	c					
指针 j								5				
指针 i			4									
第 4 趟	a	b	a	b	c	a	b	c	a	c	f	g
			a									
指针 j			1									
指针 i											11	
第 5 趟	a	b	a	b	c	a	b	c	a	c	f	g
						a	b	c	a	c		
指针 j											6	

图4-3　简单的模式匹配算法过程示意

2. 改进的模式匹配算法（KMP 算法）

分析简单的模式匹配算法的匹配过程发现，造成该算法速度慢的原因是回溯，即在某趟匹配过程失败后，S 要回到本趟开始字符的下一个字符，T 要回到第 1 个字符，而这些回溯并不是必要的。

希望某趟在 s_i 和 t_j 匹配失败后，指针 i 不回溯，T 向右"滑动"至某个位置，使得 t_k 对准 s_i 继续向右进行，问题的关键是 T "滑动"到哪个位置上。

结论是：某趟在 s_i 和 t_j 匹配失败后，如果模式串 T 中有满足关系

$$"t_1\, t_2 \cdots t_{k-1}" = "t_{j-k+1}\, t_{j-k+2} \cdots t_{j-1}" \tag{4.1}$$

的子串存在，即模式串 T 中的前 $k-1$ 个字符与模式串 T 中 t_j 字符前面的 $k-1$ 个字符相等时，模式串 T 就可以向右"滑动"，使 t_k 和 s_i 对准，继续向右进行比较。

模式串中的每一个 t_j 都对应一个 k 值，由式（4.1）可知，这个 k 值仅依赖于模式串 T 本身字符序列的构成，而与主串 S 无关。

next 函数用 next[j]表示 t_j 对应的 k 值，next 函数有如下性质：

（1）next[j]是一个整数，且 $0 \leqslant$ next[j] $< j$。

（2）为了使 t 的右移不丢失任何匹配成功的可能，当存在多个满足式（4.1）的 k 值时，应取最大值，这样向右"滑动"的距离最短，"滑动"的字符为 j−next[j]个。

（3）如果在 t_j 前不存在满足式（4.1）的子串，此时，若 $t_1 \neq t_j$，则 $k = 1$；若 $t_1 = t_j$，则 $k = 0$。这时"滑动"得最远，为 j−1 个字符，即用 t_1 和 s_{j+1} 继续比较。

因此，next 函数定义如下：

$$\text{next}[j] = \begin{cases} 0 & j = 1 \\ \max\{k \,|\, 1 < k < j \text{ 且 } "t_1 t_2 \dots t_{k-1}" = "t_{j-k+1} t_{j-k+2} \dots t_{j-1}"\} \\ 1 & \text{其他情况} \end{cases}$$

当此集合不为空时，设有模式串：$T = $ "abcaababc "，则它的 next 函数值如图4-4所示。

j	1	2	3	4	5	6	7	8	9
模式串	a	B	c	a	a	b	a	b	c
next[j]	0	1	1	1	2	2	3	1	2

图 4-4　串 "abcaababc "的 next 函数值

设主串 $S = $ " aabcbabcaabcaababc "，模式串 $T = $ " abcaababc "，图4-5是利用 next 函数进行串匹配的过程示例。

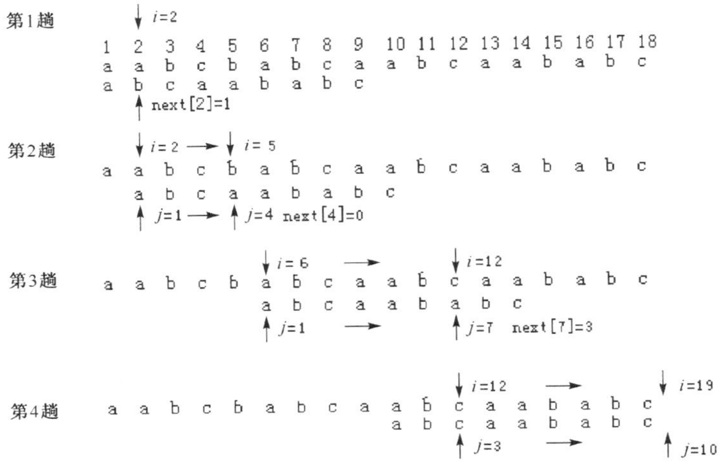

图 4-5　利用 next 函数进行串匹配的过程示例

4.2　"串基本操作演示系统"的设计与实现

4.2.1　设计要求

1．问题描述

如果计算机语言没有把串作为一个预先定义好的基本类型对待，当又需要用该语言写一个涉及串操作的软件系统时，用户必须自己实现串类型。试着实现串类型，并写一个串基本操作演示系统。

2．需求分析

实现若干串的常用基本操作，如串赋值、求串长、串替换、串比较、求子串及串的模式匹配等。

4.2.2　概要设计

为了实现以上功能，可以从 3 个方面着手设计。

1．主界面设计

为了实现串基本操作演示系统各功能的管理，本系统设计一个含有多个菜单项的主菜单，方便用户使用。本系统主菜单运行界面如图4-6所示。

2．存储结构设计

使用串的堆分配存储表示，结构描述如下：

```
typedef struct
{
    char *ch;       //串存放的数组
    int curLen;     //串的长度
}HString;
```

图4-6　"串基本操作演示系统"主菜单运行界面

3．系统功能设计

本系统设置了主菜单运行界面，并在其上完成 7 个功能的结果显示。7 个功能的设计描述如下。

（1）赋值（A-Assign）。由函数 int strAssign 实现。当用户选择 A 功能时，输入待赋值的新串串值，系统完成串赋值并输出新串值。

（2）求长度（L-Length）。由函数 int StrLength 实现。当用户选择 L 功能时，系统输出串的长度。

（3）求子串（S-SubString）。由函数 int substring 实现，参数 pos 和 len 分别代表子串 Sub 在原串 S 上的起始位置和子串长度。当用户选择 S 功能时，系统输出子串的串值。

（4）子串定位（I-Index）。子串定位又称串的模式匹配，由函数 int Index 实现。当用户选择 I 功能时，系统根据用户输入的原串 ob1 与子串 ob2 的值输出子串在原串上的位置。

（5）替换（R-Replace）。由函数 void Replace 实现。当用户选择 R 功能时，系统根据用户输入的原串 ob1、子串 ob2 和插入串 ob3 的值，输出用插入串替换了原串中所有指定子串后的串值。

（6）判相等（C-Compare）。由函数 int Compare 实现。当用户选择 C 功能时，系统根据用户输入的 s1 与 s2 的串值进行比较。若 s1 > s2，则显示"s1 > s2"；若 s1 = s2，则显示"s1 = s2"；若 s1 < s2，则显示"s1 < s2"。

（7）退出（Q-Quit）。当用户选择 Q 功能时，即退出串基本操作演示系统，由 main 函数中的 if 语句实现。

4.2.3　模块设计

1．系统模块设计

本程序包含两个模块：主程序模块、串操作模块。其调用关系如图4-7所示。

图4-7　模块调用关系

2. 系统子程序及功能设计

本系统共设置 8 个子程序，各子程序的函数名及功能说明如下。

(1) int initString(HString *T)　　//串的初始化函数

(2) int strAssign(HString *T,char *chars)

　　//串赋值函数，调用 malloc 函数分配内存空间

(3) int StrLength(HString S)　　//求串长函数

(4) int substring(HString *Sub,HString *S,int pos,int len)

　　//求子串函数，求串 S 的子串并用 Sub 存储，pos 代表子串的起始字符序号（位置），len 代表
　　//子串的长度

(5) int Index(HString *ob1,HString *ob2,int pos)

　　//子串定位函数，从第 pos 个字符起的子串定位（串的模式匹配）函数，调用（3）

(6) void Replace(HString *ob1,HString *ob2,HString *ob3)

　　//串替换函数，将原串 ob1 的所有子串 ob2 都替换为插入串 ob3，调用（3）和（5）

(7) int Compare(HString s1, HString s2) //串比较函数，调用（3）

(8) void main()　　　　　　　　　//主函数，设定界面，调用操作模块函数

3. 函数主要调用关系图

"串基本操作演示系统" 8 个子程序之间的主要调用关系如图4-8所示。图中数字是各函数的编号。

4.2.4 详细设计

1. 数据类型定义

（1）字符串的定义。

```
typedef struct
{
    char *ch;           //串存放的数组
    int curLen;         //串的长度
}HString;;
```

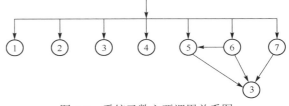

图 4-8　系统函数主要调用关系图

（2）全局变量声明。

```
#define OK 1            //操作成功
#define OVERFLOW 0      //溢出
#define ERROR 0         //出错
```

2. 系统主要子程序详细设计

（1）主程序模块设计。

主函数，设定用户界面，调用操作模块函数。

```
void main()
{
    输出操作菜单;
    while (1)
    {
        输入操作序号 c;
        switch (c)
        {
            调用相应函数执行相应操作;
            输出操作结果;
        }
```

```
        }
    }   //endmain
```

（2）求子串。

```
int substring(HString *Sub,HString *S,int pos,int len)
{   //子串 Sub 返回串 S 的第 pos 个字符起长度为 len 的子串
    int i;
    if (pos<0||pos>S->curLen||len<0||len>S->curLen-pos)
    {                                       //若位置或长度不合法，则退出
        printf ("输入不合法\n");
        exit (OVERFLOW);                    //退出
    }
    else
    {
        if (Sub->ch)  free(Sub->ch);        //释放子串 Sub 原有空间
        if (!len)                           //若长度 len 为 0
        {                                   //将子串置为空串
            Sub->ch=NULL;
            Sub->curLen=0;
        }
        else                                //若长度 len 不为 0
        {
            Sub->ch=(char*)malloc(len*sizeof(char));
            for (i=0; i<len; i++)
            {  //从串 S 的第 pos 个字符开始依次复制其后长度为 len 的字符串到子串 Sub 中
                Sub->ch[i]=S->ch[pos-1+i];
                Sub->curLen=len;            //修改子串 Sub 的串长
            }
        }
        return OK;
    }
}
```

（3）子串定位（串的模式匹配）。

```
int Index(HString *ob1,HString *ob2,int pos)
{   //判断从第 pos 个字符起，ob2 是否为 ob1 的子串
    //若是，则返回 ob2 在 ob1 中的起始位置，否则返回-1
    int i, j;
    if (pos<0||pos>ob1->curLen)
    {   //若输入的数 pos 不在 ob1 的串长范围内
        printf ("输入有误\n");
        exit (ERROR);
    }
    for(i=pos-1; i<=StrLength(*ob1)-StrLength(*ob2); i++)
    {   //从 ob1 的第 pos 个字符起查找子串 ob2
        j=0;                                //从 ob2 的第 1 个字符起开始查找
        while (j<StrLength(*ob2))
        {//j 控制查找位置，逐个字符查找，直到超出子串串长
            if (ob1->ch[i+j]==ob2->ch[j])   //若找到匹配字符
```

```
            j++;                              //则依次向后查找
          else break;        //一旦失配，则跳出查找，此时 j 还未能达到子串串长
      }//endwhile
      if (j==StrLength(*ob2))         //若 j 达到子串串长，即 ob2 的所有字符
                                      //都能和 ob1 匹配
          return i;                   //返回 ob2 在 ob1 的起始位置 i
    }//endfor
    return -1;                        //ob2 不是 ob1 的子串，返回-1
  }//endIndex
```

（4）串替换。

```
    void Replace(HString *ob1,HString *ob2,HString *ob3)
    {   //将原串 ob1 的所有子串 ob2 都替换为插入串 ob3
        int  i,j,k,h,l,m,n,b,len,len2;
        char *p,*q;
        printf ("原串：");
        for(i=0; i<ob1->curLen; i++)
            printf ("%c",ob1->ch[i]);
        printf("\n 子串：");
        for(j=0; j<ob2->curLen; j++)
            printf("%c",ob2->ch[j]);
        printf("\n");
        printf("插入串：");
        for(k=0; k<ob3->curLen; k++)
            printf("%c",ob3->ch[k]);
        printf("\n");
        len=StrLength(*ob2);            //ob2 的长度
        while(Index(ob1,ob2,0)!=-1)     //当 ob2 是 ob1 的子串时，替换所有的 ob2
        {
            len2=StrLength(*ob3)+StrLength(*ob1)-StrLength(*ob2);
                                        //新串的长度
            i=Index(ob1,ob2,0);         //调用子串定位函数
          p=(char*)malloc(sizeof(char)*(StrLength(*ob1)-i-len+1));//临时数组
            q=(char*)malloc(sizeof(char)*len2);         //存储新串的数组
            for(j=i+len; j<StrLength(*ob1); j++)
                p[j]=ob1->ch[j];        //将不用替换的后部分存入数组 p
            for(k=0; k<i; k++)
                q[k]=ob1->ch[k];        //将不用替换的前部分存入数组 q
            for(m=i; m<i+StrLength(*ob3); m++)
                q[m]=ob3->ch[m-i];      //替换子串
            b=i+len;
            for(n=i+StrLength(*ob3); n<len2; n++)
            {//将不用替换的后部分存入数组 q
                q[n]=p[b];
                b++;                    //数组 q 存储新串
            }
            ob1->curLen=len2;
            for(l=0; l<len2; l++)
```

```
        ob1->ch[l]=q[l];              //将新串赋给 ob1 做循环替换
    }//endwhile
    printf ("新串: ");
    for(h=0; h<ob1->curLen; h++)
        printf ("%c",ob1->ch[h]);
}//end Replace
```

（5）串比较。

```
int Compare(HString s1, HString s2)
{   //若 s1<s2，则返回值<0；若 s1=s2，则返回值=0；若 s1>s2，则返回值>0
    int i;
    for(i=0; i<s1.curLen && i<s2.curLen; ++i)
        if(s1.ch[i]!=s2.ch[i])
            return (s1.ch[i]-s2.ch[i]);
    return(s1.curLen-s2.curLen);
}
```

4.2.5　测试分析

系统主菜单运行界面如图4-6所示。

各子功能测试运行结果如下。

1. 串赋值（A-Assign）

在主菜单下，用户输入赋值命令 A 及串值 hello! 并按回车键，运行结果如图4-9所示。

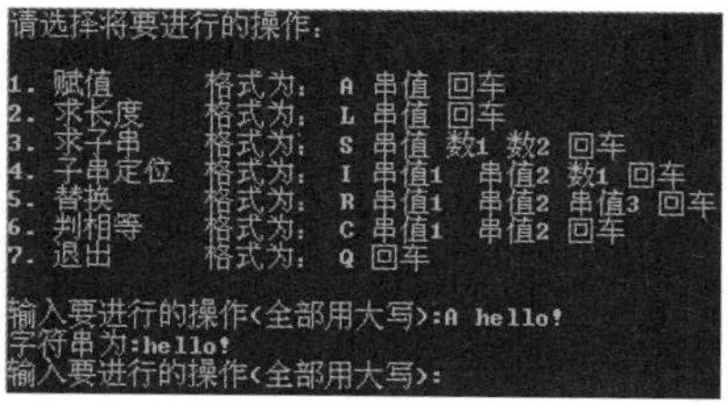

2. 求串长（L-Length）

在主菜单下，用户输入求串长命令 L 及串值 student 并按回车键，运行结果如图4-10所示。

图 4-9　串赋值

3. 求子串（S-SubString）

在主菜单下，用户输入 S student 2 5 并按回车键，运行结果如图4-11所示。

图 4-10　求串长

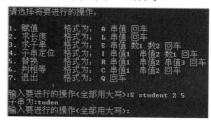

图 4-11　求子串

4. 子串定位（I-Index）

在主菜单下，用户输入 I microsoftvisualc++ soft 1 并按回车键和输入 I microsoftvisualc++ soft 8 并按回车键，运行结果如图4-12所示。

5. 串替换（R-Replace）

在主菜单下，用户输入 R chicken c t 并按回车键，运行结果如图4-13所示。

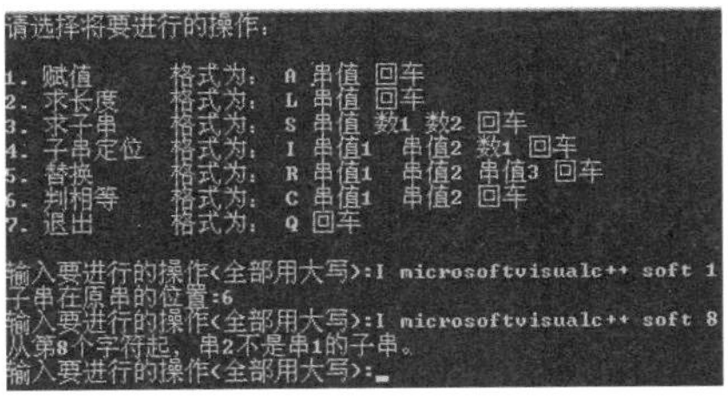

图 4-12　子串定位

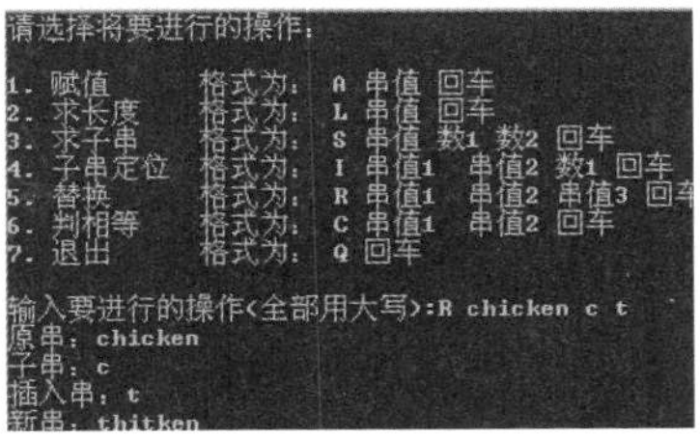

图 4-13　串替换

6. 串比较（C-Compare）

在主菜单下，用户输入串比较命令 C 及两个串值 on in 并按回车键和输入串比较命令 C 及两个串值 on on 并按回车键，运行结果如图4-14所示。

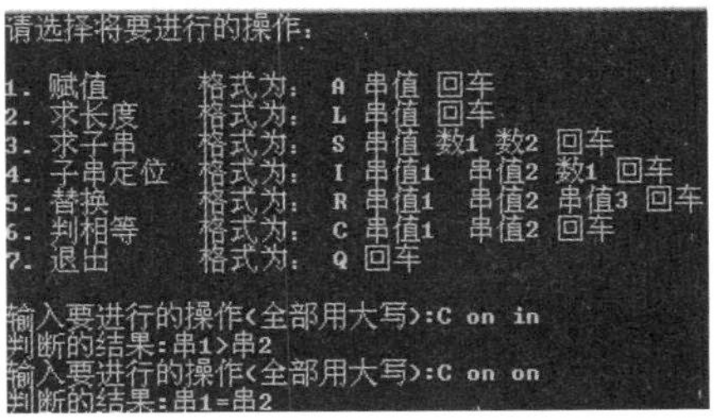

7. 退出（Q-Quit）

在主菜单下，用户输入 Q 并按回车键，退出"串基本操作演示系统"。

图 4-14　串比较

4.2.6　源程序清单

```c
#include <stdio.h>
#include <stdlib.h>
#include <string.h>
#define OK 1
#define OVERFLOW 0
#define ERROR 0
typedef struct
{//串的堆分配存储表示
    char *ch;                        //串存放的数组
    int curLen;                      //串的长度
}HString;
//1. 串的初始化函数
int initString(HString *T)
{
    (*T).ch=NULL;
    (*T).curLen=0;
    return OK;
}
//2. 串赋值函数
int strAssign(HString *T,char *chars)
{  //生成一个值等于串常量 chars 的串 T 并用指针返回，*chars 为指针(数组名)
    int i,j;
    if ((*T).ch) free((*T).ch);      //释放 T 原有空间
    i=strlen(chars);                 //数组 chars 的长度
    if(!i)
    {  //若 chars 为空串，则生成空串的堆分配存储表示
        (*T).ch=NULL;
        (*T).curLen=0;
    }
```

```
            else
            {   //chars 不为空串
                if(!((*T).ch=(char*)malloc(i*sizeof(char))))
                    exit (OVERFLOW);                    //分配串的堆空间，若失败，则退出
                for(j=0; j<i; j++)
                    (*T).ch[j]=chars[j];
                (*T).curLen=i;
            }
            return OK;
}//end strAssign
//3. 求串长函数
int StrLength(HString S)
{
            return S.curLen;                            //直接返回串长
}
//4. 求子串函数
int substring(HString *Sub,HString *S,int pos,int len)
                                                        //源代码参见：4.2.4 详细设计 2.(2)
//5. 子串定位函数
int Index(HString *ob1,HString *ob2,int pos)
                                                        //源代码参见：4.2.4 详细设计 2.(3)
//6. 串替换函数
void Replace(HString *ob1,HString *ob2,HString *ob3)
                                                        //源代码参见:4.2.4 详细设计 2.(4)
//7. 串比较函数
int Compare(HString s1, HString s2)          //源代码参见:4.2.4 详细设计 2.(5)
//8. 主函数，设定界面，调用操作模块函数
void main()
{
        printf ("请选择将要进行的操作：\n\n");
        printf ("1. 赋值       格式为:   A 串值 回车\n");
        printf ("2. 求长度     格式为:   L 串值 回车\n");
        printf ("3. 求子串     格式为:   S 串值 数 1 数 2 回车\n");
        printf ("4. 子串定位   格式为:   I 串值 1   串值 2 数 1 回车\n");
        printf ("5. 替换       格式为:   R 串值 1   串值 2 串值 3 回车\n");
        printf ("6. 判相等     格式为:   C 串值 1   串值 2 回车\n");
        printf ("7. 退出       格式为:   Q 回车\n\n");
        while (1)
        {
            int i;
            char c;
            printf("输入要进行的操作(全部用大写):");
            scanf("%c",&c);               //输入大写字母
            if(c=='Q')   break;           //退出串基本操作演示系统
            switch(c)
            { //用 switch 语句对输入的大写字母进行多向选择
                case'A':  char cnew[50];                      //字符数组 cnew[]
                          HString str;
                          initString(&str);                   //初始化串 str
                          scanf ("%s",cnew);
```

```
              strAssign(&str,cnew);                 //调用串赋值函数
              printf ("字符串为:");
              for(i=0;i <str.curLen; i++)
                 printf ("%c",str.ch[i]);
              printf ("\n");
              break;
   case 'L':  char cnew[50];
              HString str;
               printf("求串长操作。请输入一个字符串:\n");
               scanf("%s",cnew);
              initString(&str);                      //初始化串 str
              strAssign(&str,cnew);                   //调用串赋值函数
              printf("长度为: %d\n",StrLength(str)); //求串长并输出
              break;
   case 'S':  char cnew[50];
              int pos,len,i;
              HString sub,str;
               printf("求子串操作。\n");
               printf ("请输入主串、子串的起始位置及长度,用空格隔开:\n");
              scanf("%s %d %d", cnew,&pos,&len);
              initString(&sub);                      //初始化串 sub
              initString(&str);                      //初始化串 str
              strAssign(&str,cnew);                   //调用串赋值函数
              substring(&sub,&str,pos,len); //调用子串函数
              printf("子串为:");
              for(i=0; i<sub.curLen; i++)
                 printf("%c",sub.ch[i]);
              printf("\n");
              break;
   case 'C':  char c1[50],c2[50];
              HString s1,s2;
               scanf("%s %s", c1,c2);
              initString(&s1);                        //初始化串 s1
              initString(&s2);                        //初始化串 s2
              strAssign(&s1,c1);                       //串赋值
              strAssign(&s2,c2);                       //串赋值
              if(Compare(s1,s2)<0)
                 printf("判断的结果:串 1<串 2\n");
              else if(Compare(s1,s2)==0)
                  printf("判断的结果:串 1=串 2\n");
              else printf("判断的结果:串 1>串 2\n");
              break;
   case 'I':  char c1[50],c2[50];
              int pos,result=0;
              HString str1,str2;
              printf("串替换。请输入主串、子串、新子串,用空格隔开:\n");
               scanf("%s %s %d", c1,c2,&pos);
              initString(&str1);                      //初始化串 str1
              initString(&str2);                      //初始化串 str2
              strAssign(&str1,c1);
              strAssign(&str2,c2);
```

```
                    result=Index(&str1,&str2,pos)+1; //调用子串定位函数
                    if(result==0)
                        printf("从第%d 个字符起,串 2 不是串 1 的子串。\n",pos);
                    else  printf("子串在原串的位置:%d\n", result);
                    break;
         case 'R': char c1[50],c2[50],c3[50];
                    HString str1,str2,str3;
                    printf("串替换。请输入主串、子串、新子串,用空格隔开:\n");
                    scanf("%s %s %s", c1,c2,c3);
                    initString(&str1);                //初始化串 str1
                    initString(&str2);                //初始化串 str2
                    initString(&str3);                //初始化串 str3
                    strAssign(&str1,c1);
                    strAssign(&str2,c2);
                    strAssign(&str3,c3);
                    Replace(&str1,&str2,&str3);       //调用替换函数
                    printf("\n");
                    break;
        }//endswitch
    }//endwhile
}//endmain
```

4.2.7 用户手册

（1）本程序执行文件为"串基本操作演示系统.exe"。

（2）进入本系统之后，随即显示系统主菜单运行界面。用户可在该界面下按提示信息输入命令字母及任意串值并按回车键，得到结果。

4.3 "文学研究助手系统"的设计与实现

（演示视频）

4.3.1 设计要求

1. 问题描述

文学研究人员需要统计某篇英文小说中某些特定单词的出现次数和位置（行号和列号）。试写出一个实现这一目标的文字统计系统，称为"文学研究助手系统"。

2. 需求分析

要求建立一个文本文件存储一篇英文小说的片段，每个单词不包含空格且不跨行，单词由字符序列构成且区分大小写；检索输出给定单词出现在文本中的行号，以及在该行中出现的位置（列号）；统计给定单词在文本文件中出现的总次数。

4.3.2 概要设计

该系统可分为 3 个部分实现：第一，建立文本文件，文件名由用户通过键盘输入；第二，检索给定单词，输入一个单词，检索并输出该单词所在的行号和列号；第三，给定单词的计数，输入一个单词，统计输出该单词在文本中的出现次数。可从 3 个方面着手设计。

1. 建立和读入文本文件

建立和读入文件的实现步骤如下。

（1）定义一个串变量。

（2）定义文本文件。

（3）输入文件名，打开该文件。

（4）循环读入文本行，写入文本文件，其过程如下：

```
while(不是文件输入结束符)
{     读入一文本行至串变量;
      串变量写入文件;
      输入是否结束的标志;
}
```

（5）关闭文件。

2. 存储结构设计

主串和模式串都采用定长顺序存储表示，其 0 号单元存放串的长度：

```
#define MAXSTRLEN 255                    //最大串长
typedef char SString[MAXSTRLEN+1];       //定长顺序存储表示
```

3. 字符串的模式匹配问题

本系统使用改进的 KMP 算法实现字符串的模式匹配问题。假设用指针 i 和 j 分别指向主串和模式串中的比较字符，令 i 的初值为 pos，j 的初值为 1。若在匹配过程中 $s_i = t_j$，则 i 和 j 分别增 1；若 $s_i \neq t_j$，匹配失败后，则 i 不变，j 退到 next[j]位置再比较，若相等，则指针各自增 1，否则 j 再退到下一个 next 值的位置，以此类推。直至下列两种情况出现：一是 j 退到某个 next 值时字符比较相等，则 i 和 j 分别增 1，继续进行匹配；二是 j 退到值为零（主串与模式串的第 1 个字符失配），则此时 i 和 j 也要分别增 1，表明从主串的下一个字符起和模式串重新开始匹配。

4.3.3　模块设计

1. 系统模块设计

本程序包含 3 个模块：主程序模块、查找模块、功能模块。其调用关系如图4-15所示。

图 4-15　模块调用关系

2. 系统子程序及功能设计

系统定义了 5 个子函数，各子函数名及功能说明如下。

```
（1）void get_next(SString T,int next[])       //求 next 函数值
（2）int Index(SString S,SString T,int pos)     //KMP 匹配函数
（3）int lenth(SString str)                     //求串长
（4）void find(char name[],SString keys)
```

//查找函数，对于输入的每一个要查找的关键字，从文本文件中逐行读取字符串查找。调用函数(1)(2)(3)
  (5) void main()   //主函数

3. 函数主要调用关系图

  本系统 5 个程序之间的函数主要调用关系如图 4-16
所示。图中数字是各函数的编号。

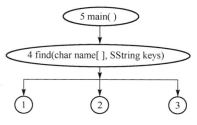

图 4-16 系统函数主要调用关系图

4.3.4 详细设计

1. 数据类型定义

（1）定长顺序存储串类型的定义。

```
#define MAXSTRLEN 255                  //最大串长
typedef char SString[MAXSTRLEN+1]; //串的定长顺序存储表示，0 号单元存放串的长度
```

（2）全局变量的定义。

```
int next[MAXSTRLEN];                     //KMP 算法中用到的 next 数组
```

2. 系统主要子程序详细设计。

（1）主函数模块设计

主函数，负责系统的输入和输出工作，调用查找函数。

```
void main()
{
    输入包含路径的文本文件名；
    输入要查找的关键字个数；
    一次性输入要查找的关键字；
    对于每一个关键字，循环调用 find 函数进行查找统计；
}
```

（2）查找模块设计。

```
void find(char name[],SString keys)
{   //该函数是整个程序的重要部分，对于输入的每一个要查找的关键字，从文本文件中逐行
    //读取字符串查找
    SString text;            //存放从文本文件读取的一行字符串
    int i=1,j=0,k;           //i 用于存放行号，j 用于存放列号，k 用于输出格式的控制
    int n=0;                 //n 记录出现次数
    FILE *fp;
    if(!(fp=(fopen(name,"r"))))     //打开文本文件
    {
        printf ("Open file error!\n");
        exit(0);
    }
    keys[0]=lenth(keys);      //调用 lenth 函数求关键字的长度
    get_next(keys,next);      //调用 get_next 函数求模式串（关键字）每一个字符对
                              //应的 next 值
    printf("\n%s 出现于：\n",&keys[1]);        //打印关键字
```

```
    while(!feof(fp))                              //如果还没到文本文件末尾
    {
        k=0;
        fgets(&text[1],MAXSTRLEN,fp);
                            //从文本文件中读取一行字符串，存入 text 串
        text[0]=lenth(text);                //求读入的串的长度
        j=Index(text,keys,j+1);
            //调用 KMP 算法，统计关键字在该行出现的位置，若匹配不成功，则返回 0
        if (j!=0)
        { printf ("\trow=%d,\tcol=%d",i,j);  //若匹配成功，则打印行号和列号
          k++; n++;
        }
        while(j!=0)
        {//若该行找到了关键字，则继续寻找，看是否还能匹配成功
            j=Index(text,keys,j+1);//调用 KMP 算法，从刚找到的列号后一个字符起匹配
            if(j!=0)
            {   n++;
                printf(",%d",j);      //若匹配成功，则打印列号
            }
        }
        i++;                              //行号加 1，在下一行中寻找
        if(k) printf ("\n");            //输出换行符
    }//endwhile
    printf("%s 共出现%d 次\n",&keys[1],n);
}//end_find
```

（3）其他功能模块设计。

```
//1. 求 next 函数值
void get_next(SString T,int next[])
{ //求模式串 T 的 next 函数值，并存入数组 next
    int j=1,k=0;
    next[1]=0;
    while (j<T[0])
    {
        if (k==0 || T[k]==T[j])
        {
            ++j; ++k;
            if (T[j]!=T[k])  next[j]=k;
            else   next[j]=next[k];
        }
        else k=next[k];
    }
}
//2. KMP 匹配函数
int Index(SString S,SString T,int pos)
{    //利用模式串 T 的 next 函数求 T 在主串 S 中第 pos 个字符之后的位置的 KMP 算法
    //其中 T 非空，1≤pos≤StrLength(s)
    int i=pos,j=1;
```

```
    while (i<=S[0]&&j<=T[0])
    {
        if (j==0||S[i]==T[j]) {++i;++j;}     //继续比较后续字符
        else j=next[j];                      //模式串向右移动
    }//endwhile
    if(j>T[0])  return(i-T[0]);              //匹配成功
    else return 0;                          //匹配失败
}//end Index
```

4.3.5 测试分析

系统运行后，要求用户输入带路径的文本文件名，如图4-17所示。

请输入已创建的文本文件的路径 <如D:\novel.txt>:

图4-17   提示输入带路径的文本文件名

用户输入 D:\novel.txt 并按回车键。此文本文件已建立，内容为：

```
------------------------------------------------------------------
Spring is a delightful season. The temperatures are moderate,
and the blooming trees and flowers make the city bright with colors.
It is the time when we can begin to wear lighter and
more brightly colored clothes and go outdoors more often.
Smaller children like to bring their kites out to the
spacious square. Also I enjoy going back to the village on this
holiday after being in the city for the winter months.
------------------------------------------------------------------
```

系统提示用户输入要查找的单词数，如图4-18所示。用户输入 3 并按回车键，系统提示用户输入单词内容，如图4-19所示。

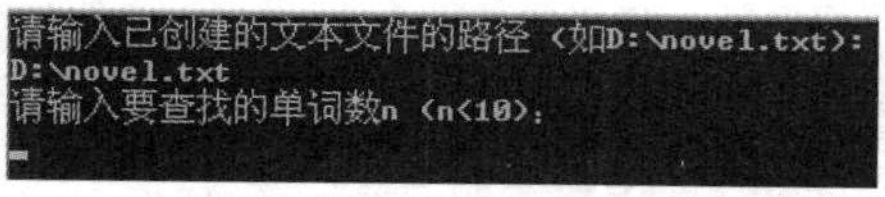

请输入已创建的文本文件的路径 <如D:\novel.txt>:
D:\novel.txt
请输入要查找的单词数n <n<10>:

请输入已创建的文本文件的路径 <如D:\novel.txt>:
D:\novel.txt
请输入要查找的单词数n <n<10>:
3
请输入要查找的单词，词与词之间用空格隔开 <区分大小写>:

图4-18   提示输入要查找的单词数   图4-19   提示用户输入单词内容

用户输入 3 个关键字 the to are 并按回车键，系统输出这 3 个关键字在 novel.txt 文件中出现的位置（行数、列数）和次数，如图4-20所示。

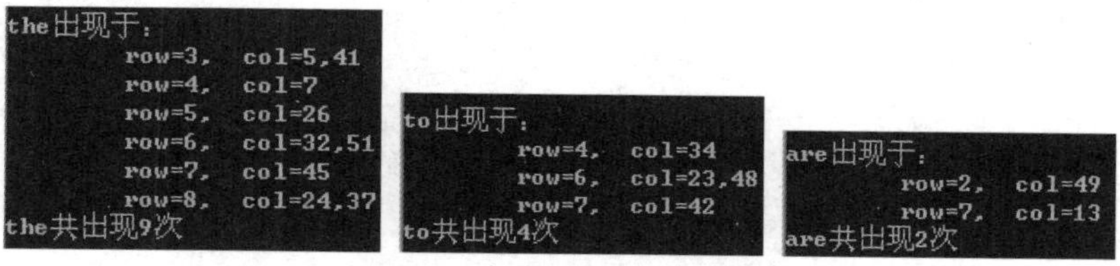

图4-20   输出结果

4.3.6 源程序清单

```
#include <stdio.h>
#include <stdlib.h>
```

```
#define MAXSTRLEN 255                    //最大串长
typedef char SString[MAXSTRLEN+1];       //串的定长顺序存储表示，0 号单元存放串的长度
int next[MAXSTRLEN];                      //KMP 算法中用到的 next 数组
//1. 求 next 函数值
void get_next(SString T,int next[])      //源代码参见：4.3.4 详细设计 2.(3)
//2. KMP 匹配函数
int Index(SString S,SString T,int pos)   //源代码参见：4.3.4 详细设计 2.(3)
//3. 求串长
int lenth(SString str)
{
    int i=1;
    while (str[i]) i++;
    return(i-1);
}
//4. 查找函数
void find(char name[ ],SString keys)     //源代码参见：4.3.4 详细设计 2.(2)
//5. 主函数
void main()
{
    char name[50];                       //存储输入的小说路径字符串
    SString words[10];                   //定义字符串数组，用于存储输入的关键字
    int n,i;
    printf("Please input the name of the novel:\n");
    scanf("%s",name);                    //用户输入包含路径的文本文件名
    printf("How many words do you want to find?(n<10)\n");
    scanf("%d",&n);                      //用户输入要查找的关键字个数
    printf("Please input the words you want to find:\n");
    for(i=0;i<n;i++)                     //用户一次性输入要查找的关键字
       scanf ("%s",&words[i][1]);        //words 用于存放字符串的长度
    for(i=0;i<n;i++)
        find(name,words[i]);             //对于每一个关键字，调用 find 函数进行查找统计
}
```

4.3.7　用户手册

（1）本程序执行文件为"文学研究助手系统.exe"。

（2）进入本系统之后，随即显示系统主菜单运行界面。用户可在该界面下按提示输入相关信息并观察输出结果。

4.3.8　"文学研究助手系统"实现方法二

"文学研究助手系统"还可以使用单链表存储结构来实现。下面提供这种方法的源程序清单，供有兴趣的同学参考。

```
#include<string.h>
#include <conio.h>          //getch 函数的头文件
#include<stdio.h>           //输入和输出函数的头文件
#include<stdlib.h>          //exit 函数的头文件
#include<malloc.h>          //malloc 函数的头文件
#include<iostream.h>
```

```
#define OVERFLOW       -2          //溢出时的值为-2
#define OK              1          //成功时的值为1
#define ERROR           0          //不成功时的值为0
typedef int ElemType;             //ElemType 为任意的数据类型
typedef int Status;
//-------------单链表存储结构--------------
//存储行号
typedef struct Lnode
{
    ElemType data;                //数据域
    struct Lnode *next;           //指针域
}Lnode,*LinkList;
Status IninLinkList(LinkList);           //初始化链表
Status ListInsertfreq(LinkList);         //更新链表的第1个结点
Status ListInsertline(LinkList,int );    //更新链表的第2个及其后的结点
Status getnext(char *,int *);            //此函数求串的next 函数值
Status Index(char *,char *,LinkList,int,int *);   //KMP 函数
Status printlines(LinkList);             //打印行号的函数
void main(void)
{
    FILE *fp;
    int i=0,j=0,k=1,line=1;
    char filename[20];
    char end='"',ch='"';
    char buff[1025];
    char searchwords[20][20];    //要查找的关键字用二维数组存储
    LinkList L[20],head[20];
    int kmp[20][50];             //存储next 函数值的指针数组
    printf("Please input the file name\n");
    scanf("%s",filename);        //用户输入包含路径的文本文件名，如 D:\1.txt
    if((fp=fopen(filename,"r")) == NULL)
    {
        getch();
        exit(0);
    }
    printf ("**************************************************\n");
    ch=fgetc(fp);                //输出文件内容
    while(!feof(fp))
    {
        putchar(ch);
        ch=fgetc(fp);
    }
    printf("\n**************************************************\n");
    printf("input the words to search\n");   //用户一次性输入要查找的关键字
    printf("For example: some if while int...... Input %c in the
            end.\n",end);                     //以输入字符"作为结束标志
    for(i=0; 1; i++)
    {
        scanf("%s",searchwords[i]);
        kmp[i][0]=-1;//将第1个结点赋值为-1
        if (searchwords[i][0]=='"')  break;
```

```
                                    //字符和字符的比较。以输入字符"作为结束标志
        IninLinkList(L[i]);         //初始化链表，存储出现的次数和行号信息
        head[i]=L[i];
    }//endfor
    rewind(fp);                     //让文件的指针回到开始处
    while(!feof(fp))
    {
        i=0;                        //回到第 1 个待查找的关键词
        fgets(buff,1024,fp);
        while( searchwords[i][0] != '"')
        {
            getnext(searchwords[i],kmp[i]);
            Index(buff,searchwords[i],L[i],line,kmp[i]);
                                    //基于 KMP 算法的模式串匹配
            ++i;                    //更新子串
        }
        ++line;                     //标记行号
    }
    i=0;
    while(1)
    {
        if(searchwords[i][0]=='"') break;
        printf ("The word  %s ",searchwords[i]);
        printf ("appears %d times ",L[i]->data);
        printf ("on lines: ");
        printlines(head[i]);        //打印所在行号
        printf ("\n");
        i++;
    }
    getch();
}//endmain
Status IninLinkList(LinkList L)
{ //初始化链表，存储出现的次数和行号信息
    LinkList p,q;
    L=(LinkList)malloc(sizeof(Lnode));  //头结点
    p=(LinkList)malloc(sizeof(Lnode));  //第 1 个结点存储出现次数
    q=(LinkList)malloc(sizeof(Lnode));  //第 2 个结点存储第 1 个行号
    if (!L) return(0);
    L->next=p;
    L=p;
    p->next=q;
    L->data=0;
    q->data=0;
    q->next=NULL;
    return(1);
}
Status ListInsertfreq(LinkList L)
{ //更新链表的第 1 个结点
    L->data=L->data+1;
    return(L->data);
}//endListInsertfreq
```

```
Status ListInsertline(LinkList L,int line)
{ //更新链表的第 2 个及其后的结点
    LinkList p,first;
    first=L;
    while(first->next)
        first=first->next;
    if(line == 1)  first->data=1;    //修改第 1 个行号结点的值
    else if(line != first->data)
        { //生成后边几个结点
          p=(LinkList)malloc(sizeof(Lnode));
          first->next=p;
          p->data=line;
          p->next=NULL;
          return(OK);
        }
    else if(line == first->data) return(1);
    return(1);
}
Status printlines(LinkList head)
{ //打印行号
    head=head->next;
    while(head)
    {
        if(head->data !=0)
            printf ("%d,",head->data);        //将默认行号初始化为 0
        head=head->next;
    }
    return(1);
}
Status getnext(char *searchwords,int *kmp)
{ //求模式串 searchwords 的 next 函数值并存入数组 kmp
    int i=0;
    int j=-1;
    int max=0;
    max=strlen(searchwords);
    while(i < max)
    {
        if(j==-1 || searchwords[i]==searchwords[j])
        {
            ++i;     ++j;
            kmp[i] = j;
        }
        else j= kmp[j];
    }
    return(1);
}
//KMP 函数,利用模式串 searchwords 的 getnext 函数求 searchwords 在主串
//buff 中的位置
Status Index(char *buff,char *searchwords,LinkList L,int line,int *kmp)
{
    int i=0,j=0,k=0;
```

```
int blength=0,search=0;
blength=strlen(buff);              //求出主串串长
search=strlen(searchwords);        //求出模式串串长
while(j<=(search-1))
{
    if(j==-1 || buff[i]==searchwords[j])
    {
        ++i;     ++j;
    }
    else j=kmp[j];
    if(j>search-1)                 //找出所有关键字的出现次数
    {
        j=0;
        ListInsertfreq(L);         //修改出现的次数，即更新链表的第 1 个结点
        ListInsertline(L,line);    //用单链表的第 2 个及其以后的结点存储行号
    }
    if (i>blength-1)   break;
}
return 0;
}
```

4.4　课程设计题选

4.4.1　文本格式化问题

【问题描述】

输入文件中含有待格式化（或称为待排版）由多行的文字组成的文本，例如，一篇英文文章，每一行由一系列被一个或多个空格符所隔开的字（一行中不含空格的最长子串）组成。任何完整的字都没有被分隔在两行（每行最后一个字与下一行的第 1 个字之间在逻辑上应该由空格分开），每行字符数不超过 80。除上述文本类字符之外，还存在起控制作用的字符：符号"@"指示它后面的正文在格式化时应另起一段排放，即空一行，并在段首缩进 8 个字符位置。"@"自成一个字。

【基本要求】

（1）输出文件中字与字之间只留一个空格符，即实现多余空格符的压缩。

（2）在输出文件中，任何完整的字仍不能分隔在两行，行尾不齐没关系，但行首要对齐（左对齐）。

（3）如果所求的每页页底所空行数不少于 3，则将页号印在页底空行中第 2 行的中间位置，否则不印。

（4）版面要求的参数要包含：

① 页长（Page Length）—— 每页内文字（不计页号）的行数。

② 页宽（Page Width）—— 每行文字所占最大字符数。

③ 左空白（Left Margin）—— 每行文字前的固定空格数。

④ 头长（Heading Length）—— 每页页顶所空行数。

⑤ 脚长（Footing Length）—— 每页页底所空行数（含页号行）。

⑥ 起始页号（Starting Page Number）—— 首页的页号。

【测试数据】

自行设计。注意在标点之后加上空格符。

【实现提示】

可以设(左空白数×2+页宽)≤160，即打印机最大行宽，从而只要设置这样大的一个行缓冲区就足够了，每加工完一行，就输出一行。

如果输入文件和输出文件不由程序规定，而由用户指定，则有两种做法：一种是像其他参量一样，将文件名交互地读入字符串变量中；另一种更好的方式是，让用户通过命令行指定，具体做法依机器的操作系统而定。

应该首先实现 GetAWord(w)（取一个字）操作，把诸如行尾处理、文件尾处理、多余空格符压缩等一系列"低级"事务留给它处理，使系统的核心部分集中处理排版要求。每个参数都可以实现默认值设置，上述排版参数的默认值可以分别取 56、60、10、5、5 和 1。

4.4.2　简单行编辑程序

【问题描述】

文本编辑程序是利用计算机进行文字加工的基本软件工具，实现对文本文件的插入、删除、修改等操作。限制这些操作以行为单位进行的编辑程序称为行编辑程序。

被编辑的文本文件可能很大，全部读入编辑程序的数据空间（内存）的做法既不经济也不总能实现。一种解决方法是逐段编辑。任何时刻只把待编辑文件的一段放在内存中，称为活区。试按照这种方法实现一个简单的行编辑程序。设文本每行不超过 320 字符，至少有 80 字符。

【基本要求】

实现以下 4 条基本编辑命令。

（1）行插入。格式：i <行号><回车><文本><回车>；功能：将<文本>插入活区中第<行号>行之后。

（2）行删除。格式：d <行号 1>[<空格><行号 2>]<回车>；功能：删除活区中第<行号 1>行（到第<行号 2>行）。

（3）活区切换。格式：n <回车>；功能：将活区写入输出文件，并从输入文件中读入下一段，作为新的活区。

（4）活区显示。格式：p <回车>；功能：逐页（每页 20 行）地显示活页内容，每显示一页之后请用户决定是否继续显示以后各页（如果存在）。印出的每一行要前置行号和一个空格符，行号固定占 4 位，增量为 1。

各条命令中的行号均需在活区中各行行号范围之内，只有插入命令的行号可以等于活区第 1 行行号减 1，表示插入当前屏幕中第 1 行之前，否则命令参数非法。

【测试数据】

自行设定。注意测试"将活区删空"等特殊情况。

【实现提示】

（1）设活区的大小用行数 ActiveMaxLen（可设为 100）来描述。考虑到文本文件行长通常为正态分布，且峰值在 60～70 之间，用 320 × ActiveMaxLen 大小的字符数组实现存储将造成大量浪费。可以以标准行块为单位为各行分配存储，每个标准行块可含 81 字符。这些行块可以组成一个数组，也可以用动态链表连接起来。一行文字可能占多个行块。行尾可用一个特殊的 ASCII 字符标识。此外，还应记住活区起始行号。行插入将引起随后各行行号的顺序下推。

（2）初始化函数包括用户提供的输入文件名（空串表示无输入文件）和输出文件名，二者不能相同。然后尽可能多地从输入文件中读取各行，但不超过 ActiveMaxLen–x。x 的值可以自定，如 20。

（3）在执行行插入命令的过程中，每接收到一行时都要检查活区大小是否已达 ActiveMaxLen。如果是，则为了保证在插入这一行之后活区大小不超过 ActiveMaxLen，应将插入点之前的活区部分中的第 1 行输出到输出文件中；若插入点为第 1 行之前，则只需将新插入的这一行输出。

（4）若输入文件尚未读完，活区切换命令可将原活区中最后几行留在活区顶部，以保持阅读连续性；否则，意味着结束编辑或开始编辑另一个文件。

（5）可令在前 3 条命令执行后自动调用活区显示。

第5章 多维数组、矩阵、广义表及其应用

多维数组与广义表可视为线性表的推广，其特点是表中的数据元素本身也可以是一个数据结构。矩阵与二维数组通常有着密切的联系，但是对于特殊矩阵和稀疏矩阵，我们可以找到更好的存储方式。

5.1 本章知识要点

5.1.1 多维数组

1. 多维数组的逻辑结构

数组作为一种数据结构，其特点是结构中的元素本身可以是具有某种结构的数据，但属于同一数据类型。一维数组可以视为一个线性表（向量），二维数组可以视为"数据元素是一维数组"的一维数组，三维数组可以视为"数据元素是二维数组"的一维数组，以此类推。图5-1是一个 m 行 n 列的二维数组。图5-2是一个 3 页 4 行 2 列的三维数组。

$$\boldsymbol{A} = \begin{pmatrix} a_{11} & a_{12} & \cdots & a_{1n} \\ a_{21} & a_{22} & \cdots & a_{2n} \\ \vdots & \cdots & \cdots & \vdots \\ a_{m1} & a_{m2} & \cdots & a_{mn} \end{pmatrix}$$

图 5-1　m 行 n 列的二维数组的逻辑结构

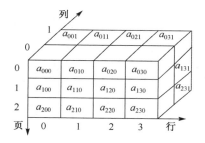

图 5-2　一个 $3 \times 4 \times 2$ 的三维数组的逻辑结构

数组是一个具有固定格式和数量的数据有序集，每一个数据元素用唯一的一组下标来标识，因此，在数组中不能做插入、删除数据元素的操作。通常，在各种高级语言中数组一旦被定义，每一维的大小及上下界都不能改变。在数组中通常做的两种操作是：

（1）取值操作。给定一组下标，读其对应的数据元素。

（2）赋值操作。给定一组下标，存储或修改与其相对应的数据元素。

2. 多维数组的存储映像

通常，数组在内存被映像为向量，即用向量作为数组的一种存储结构，这是因为内存的地址空间是一维的。对于一维数组按下标顺序分配即可。对多维数组进行分配时，要把它的元素映像存储在一维存储器中，有两种可行方法：一种是以行序为主序的顺序存储，另一种是以列序为主序的顺序存储。以行序为主序的分配规律是：最右边的下标先变化，即最右边的下标从小到大，循环一遍后，右边第 2 个下标再变……从右向左，最后是左边的下标。以列序为主序的分配规律恰好相反。一个 2×3 数组的逻辑结构及其存储映像如图5-3所示。

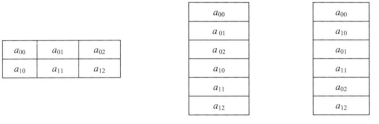

(a) 2×3 数组的逻辑结构　　(b) 以行序为主序　　(c) 以列序为主序

图 5-3　2×3 数组的逻辑结构及其存储映像

一个 $3 \times 4 \times 2$ 的三维数组（图5-2）的以行序为主序的存储映像如图5-4所示。

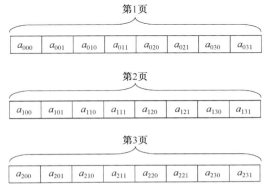

图 5-4　三维数组以行序为主序的存储映像

5.1.2　稀疏矩阵

对于一个矩阵结构，一般用一个二维数组来表示是很自然的。但在遇到稀疏矩阵（矩阵中非 0 元极少且分布无规律）的情况下，从节约存储空间的角度考虑，可以有其他表示方法。

稀疏矩阵是一种常见的矩阵，其特点是矩阵中非 0 元极少且分布无规律。当存储稀疏矩阵时，为了节省存储空间，一般只存储非 0 元的信息。常采用的存储方法有三元组表示法、十字链表表示法等。

1. 稀疏矩阵的三元组表示法

稀疏矩阵的每一个非 0 元都可以表示成一个三元组：(行标　列标　元素值)。按行序为主序或列序为主序的顺序，采用顺序存储方法存储各非 0 元的三元组，得到三元组顺序表。稀疏矩阵 **A** 及其三元组顺序表如图5-5所示。常用的建立在该存储结构上的稀疏矩阵运算有求矩阵的转置、求矩阵的积等。

2. 稀疏矩阵的十字链表表示法

用十字链表表示稀疏矩阵的基本思想是每个非 0 元对应一个存储结点，该结点由 5 个域组成，其结构如图5-6所示。其中，row 域存储非 0 元的行号，col 域存储非 0 元的列号，v 域存储该非 0 元的值，right 和 down 域是两个指针域。

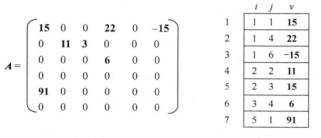

(a) 稀疏矩阵A　　　　　(b) 稀疏矩阵A的行优先三元组表

图 5-5　稀疏矩阵 A 及其三元组顺序表　　　　图 5-6　十字链表的结点结构

right 域用以链接矩阵同一行中的下一个非 0 元，链成一个行链表；down 域用以链接矩阵同一列中的下一个非 0 元，链成一个列链表，整个矩阵构成一个十字交叉链表。另外，用两个指针数组分别存储行链表的头指针和列链表的头指针，用一个结构变量存放基本信息。稀疏矩阵 A 及其十字链表如图5-7所示。

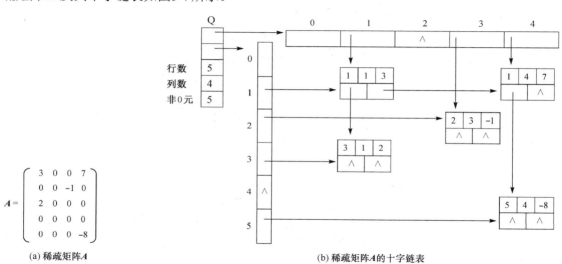

(a) 稀疏矩阵A　　　　　　　　　　(b) 稀疏矩阵A的十字链表

图 5-7　稀疏矩阵 A 及其十字链表

稀疏矩阵的十字链表表示法适合做一些矩阵的非 0 元的个数及非 0 元的位置可能会发生变化的操作，如矩阵的加法、乘法等运算。

5.1.3　广义表

1. 广义表的定义和性质

广义表的形式化描述：广义表是 n（$n \geqslant 0$）个数据元素 a_1, a_2, $\cdots$, a_n 的有序序列，一般记为

$$\text{LS} = (a_1, a_2, \cdots, a_i, \cdots, a_n)$$

其中，LS 是广义表的名称，n 是它的长度。每个 a_i（$1 \leqslant i \leqslant n$）是 LS 的成员，它可以是单个元素，也可以是一个广义表，分别称为广义表 LS 的原子和子表。当广义表 LS 非空时，称第 1 个元素 a_1 为 LS 的表头，称其余元素组成的表 $(a_2, \cdots, a_i, \cdots, a_n)$ 为 LS 的表尾。显然，广义

表的定义是递归的。广义表也称为列表。

广义表的结构相当灵活，在某种前提下，它可以兼容线性表、数组、树和有向图等各种常用的数据结构。广义表集中了很多常见数据结构的特点。

2. 广义表的基本操作

广义表的两个重要操作是取头操作和取尾操作。

根据广义表的表头、表尾的定义可知，对于任意一个非空的广义表，其表头可能是单元素也可能是列表，而表尾必为列表。

在广义表中有与线性表类似的基本操作，如建立、插入、删除、拆分、连接、复制、遍历等。

3. 广义表的存储结构

由于广义表中的数据元素可以具有不同的结构，因此难以用顺序存储结构来表示。而链式存储结构分配较为灵活，易于解决广义表的共享与递归问题，所以通常采用链式存储结构来存储广义表。

在这种表示方式下，每个数据元素可用一个结点表示。按结点形式的不同，广义表的链式存储结构又可分为头尾表示法、孩子兄弟表示法。

（1）头尾表示法。若广义表不为空，则可分解成表头和表尾；反之，一对确定的表头和表尾可唯一地确定一个广义表。头尾表示法就是根据这一性质设计的一种存储方法。

在广义表的头尾链表结构中结点的结构形式有两种：一种是表结点，用以表示列表；另一种是原子结点，用以表示原子。在表结点中包括一对指向表头的指针和指向表尾的指针；在原子结点中包括该原子的值。

为了区分这两类结点，在结点中设置一个标志域，如果标志为 1，则表示该结点为表结点；如果标志为 0，则表示该结点为原子结点。结点结构如图5-8所示。

| tag=1 | hp | tp |

（a）表结点　　　（b）原子结点

图 5-8　广义表的头尾表示法的结点结构

对如下各广义表，若采用头尾表示法，其存储结构如图5-9所示。

A = ( )

B = (e)

C = (a,(b,c,d))

D = (A,B,C)

E = (a,E)

F = (( ))

采用头尾表示法容易分清列表中单元素或子表所在的层次。另外，最高层的表结点的个数为广义表的长度。例如，在广义表 D 的最高层有 3 个表结点，其广义表的长度为 3。

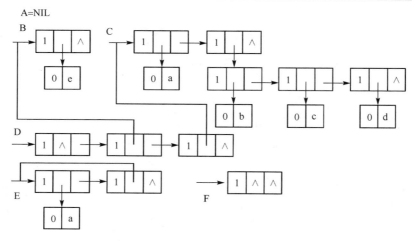

图 5-9　广义表的头尾表示法存储结构

（2）孩子兄弟表示法（扩展线性链表）。在广义表的孩子兄弟表示法中，也有两种结构的结点：一种是有孩子结点，用以表示列表；另一种是无孩子结点，用以表示原子。

在有孩子结点中包括一个指向第 1 个孩子的指针和一个指向兄弟的指针；而在无孩子结点中包括一个指向兄弟的指针和该原子的值。为了能区分这两种结点，在结点中设置一个标志域。如果标志为 1，则表示该结点为有孩子结点；如果标志为 0，则表示该结点为无孩子结点。结点结构如图5-10所示。

(a) 有孩子结点　　　　　　　　(b) 无孩子结点

图 5-10　广义表的孩子兄弟表示法的结点结构

对于前面列举的广义表 A、B、C、D、E、F，若采用孩子兄弟表示法的存储方式，其存储结构如图5-11所示。

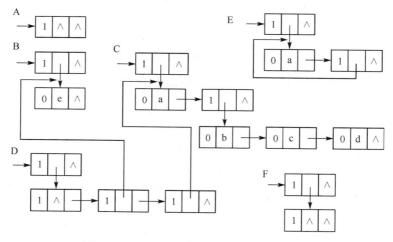

图 5-11　广义表的孩子兄弟表示法存储结构

（演示视频）

5.2 "稀疏矩阵运算器"的设计与实现

5.2.1 设计要求

1．问题描述

实现一个能进行稀疏矩阵基本运算（包括相加、相减、相乘）的运算器。

2．需求分析

（1）以三元组顺序表表示稀疏矩阵，实现两个矩阵相加、相减、相乘的运算。

（2）稀疏矩阵的输入形式为三元组，运算结果矩阵则以通常的阵列形式输出。

（3）首先提示用户输入矩阵的行数和列数，并判别给出的两个矩阵行数、列数对于所要求的运算是否相匹配。可设矩阵的行数和列数均不超过 20。

（4）程序需给出菜单项，用户按照菜单提示进行相应的操作。

5.2.2 概要设计

1．存储结构设计

采用三元组顺序表表示矩阵的存储结构。三元组定义为：

```
typedef struct
{
    int   row;              //非 0 元的行下标
    int   col;              //非 0 元的列下标
    int   e;               //非 0 元的值
}Triple;
```

矩阵定义为：

```
typedef struct
{
    Triple data[MAXSIZE];      //非 0 元三元组表
    int m,n,len;            //矩阵的行数、列数和非 0 元个数
}TSMatrix;
```

例如，有矩阵 A，它与其三元组表的对应关系如图5-12 所示。

2．系统功能设计

本系统通过菜单提示用户输入数据，创建两个矩阵，然后进行矩阵的相加、相减、相乘运算并输出结果，主要实现以下功能。

（1）创建矩阵。包括提示用户输入矩阵的行数、列数、非 0 元个数，以及所有非 0 元所在的行、列、值。

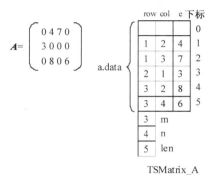

图 5-12 对应关系

（2）矩阵相加。由函数 add 实现，以阵列形式输出矩阵 *A*、*B* 及(*A*+*B*)。

（3）矩阵相减。由函数 sub 实现，以阵列形式输出矩阵 *A*、*B* 及(*A*−*B*)。

（4）矩阵相乘。由函数 mult 实现，以阵列形式输出矩阵 *A*、*B* 及(*A*×*B*)。

5.2.3　模块设计

1．系统模块设计

本程序包含两个模块：主程序模块、矩阵运算模块。其调用关系如图5-13所示。

2．系统子程序及功能设计

本系统共设置 9 个子程序，各子程序的函数名及功能说明如下。

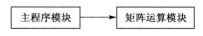

图 5-13　模块调用关系

```
（1）void initMatrix(TSMatrix *A)              //矩阵初始化
（2）void createMatrix(TSMatrix *A)            //创建矩阵，调用（1）
（3）void add(TSMatrix A,TSMatrix B,TSMatrix *C)   //矩阵相加
（4）void sub(TSMatrix A,TSMatrix B,TSMatrix *C)   //矩阵相减，调用（3）
（5）int search(TSMatrix A,int m,int n)
        //搜索函数，查找 m 行 n 列元素在矩阵 A 的三元组表中的位置
（6）void mult(TSMatrix A,TSMatrix B,TSMatrix *C)  //矩阵相乘，调用（5）
（7）void print(TSMatrix A)           //打印矩阵函数，输出以阵列形式表示的矩阵
（8）void showtip()                   //工作区函数，显示程序主菜单
（9）void main()                      //主函数
```

3．函数主要调用关系图

本系统 9 个子程序之间的主要调用关系如图5-14所示。图中数字是各函数的编号。

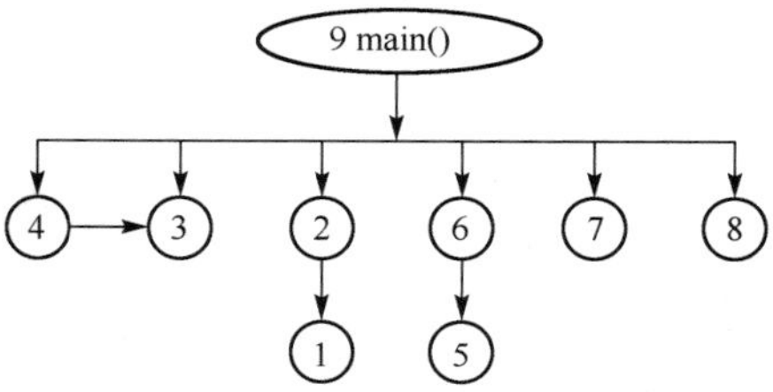

5.2.4　详细设计

1．数据类型定义

采用矩阵的三元组顺序表存储结构，详见 5.2.2 节。

图 5-14　系统函数主要调用关系图

2．系统主要子程序详细设计

（1）主函数模块设计。

```
void main()
{
    while (true)
    {
        switch(i)
            调用相应函数执行相应操作；
            输出操作结果；
    }
}
```

（2）创建矩阵。

```
void createMatrix(TSMatrix *A)
{   //采用三元组表存储稀疏矩阵 A
    initMatrix(A);                          //调用矩阵初始化函数
    printf("创建矩阵:");
    printf("请输入矩阵的行、列值及非 0 元的个数\n");
    scanf("%d%d%d", &A->m, &A->n, &A->len);//输入矩阵的行数、列数和非 0 元个数
    for( int i=0; i<A->len; i++)
    {// 循环输入非 0 元的值
        printf("请输入第%d 个非 0 元对应的行、列、值:\n", i+1);
        scanf("%d", &A->data[i].row);
        scanf("%d", &A->data[i].col);
        scanf("%d", &A->data[i].e);
    }
}
```

（3）矩阵相加。

```
void add(TSMatrix A, TSMatrix B, TSMatrix *C)
{    //计算 A+B，并存储到矩阵 C 中
    int i=0,j=0, k=0;
    if( A.m==B.m && A.n==B.n)
    { //判别 A 和 B 的行数、列数对于所要求的运算是否匹配
        C->m = A.m;      C->n = A.n;
        while(i<A.len || j<B.len)
        {
            if(i==A.len && j<B.len)
            { //若矩阵 B 的非 0 元个数大于矩阵 A 的非 0 元个数
                C->data[k].col = B.data[j].col;  //将矩阵 B 的列数赋值给矩阵 C
                C->data[k].row = B.data[j].row;  //将矩阵 B 的行数赋值给矩阵 C
                C->data[k++].e = B.data[j].e;    //将矩阵 B 的非 0 元赋值给矩阵 C
                C->len++;                        //矩阵 C 的非 0 元个数
                j++;
            }
            else if(i<A.len && j==B.len)
            { //若矩阵 A 的非 0 元个数大于矩阵 B 的非 0 元个数
                C->data[k].col = A.data[i].col; //将矩阵 A 的列数赋值给矩阵 C
                C->data[k].row = A.data[i].row; //将矩阵 A 的行数赋值给矩阵 C
                C->data[k++].e = A.data[i].e; //将矩阵 A 的非 0 元赋值给矩阵 C
                C->len++;                        //矩阵 C 的非 0 元个数
                i++;
            }
            else                                 //else1
            { //若矩阵 A 的非 0 元个数等于矩阵 B 的非 0 元个数
                if( A.data[i].row > B.data[j].row)
                { //若矩阵 A 的非 0 元行下标大于矩阵 B 的非 0 元行下标
                    C->data[k].col = B.data[j].col;   //同上
                    C->data[k].row = B.data[j].row;   //同上
                    C->data[k++].e = B.data[j].e;   //同上
                    C->len++;  j++;
```

```
        }
        else if(A.data[i].row < B.data[j].row)
        { //若矩阵 A 的非 0 元行下标小于矩阵 B 的非 0 元行下标
            C->data[k].col = A.data[i].col;
            C->data[k].row = A.data[i].row;
            C->data[k++].e = A.data[i].e;
            C->len++;   i++;
        }
        else                      //else2
        { //若矩阵 A 的非 0 元行下标等于矩阵 B 的非 0 元行下标
            if(A.data[i].col==B.data[j].col)
            {
                if(A.data[i].e+B.data[j].e!=0)
                {
                    C->data[k].col = A.data[i].col;
                    C->data[k].row = A.data[i].row;
                    C->data[k++].e = A.data[i].e+B.data[j].e;
                    C->len++;
                } //end_if (A.data[i].e+B.data[j].e!=0)
                i++;  j++;
            } //end_if (A.data[i].col==B.data[j].col)
            else if(A.data[i].col>B.data[j].col)
            {
                C->data[k].col = B.data[j].col;
                C->data[k].row = B.data[j].row;
                C->data[k++].e = B.data[j].e;
                C->len++;   j++;
            }
            else if(A.data[i].col<B.data[j].col)
            {
                C->data[k].col=A.data[i].col;
                C->data[k].row=A.data[i].row;
                C->data[k++].e=A.data[i].e;
                C->len++;   i++;
            }
        }//end_else2
    }//end_else1
    }//endwhile
    }//end_if (A.m==B.m && A.n==B.n)
    else   printf("不能相加! \n");      //若矩阵 A 和 B 的行、列不匹配,输出提示信息
} //end_add
```

(4)矩阵相减。

```
void sub(TSMatrix A, TSMatrix B, TSMatrix *C)
{ //利用算法 A-B = A+(-B)
    int k;
    for(k=0; k<B.len; k++)
        B.data[k].e =-B.data[k].e;
```

```
        if(A.m==B.m && A.n==B.n)
            add(A,B,C);                      //若 A 和 B 的行、列匹配，调用矩阵相加函数
        else  printf("不能相减! \n");
        for (k=0; k<B.len; k++)
            B.data[k].e =-B.data[k].e;        //恢复矩阵 B 的值
    }//endsub
```

（5）矩阵相乘。

```
    void mult(TSMatrix A, TSMatrix B, TSMatrix *C)
    { //计算 A×B，并存储到矩阵 C 中
        int i=0, j=0, flag;
        if(A.n == B.m)
        {//若满足矩阵相乘的条件
            C->m=A.m;                          //矩阵 C 的行数
            C->n=B.n;                          //矩阵 C 的列数
            for(i=0; i<A.len; i++)
            {
                for(j=0; j<B.len; j++)
                {
                    if(A.data[i].col==B.data[j].row)
                    {    //此条件保证两矩阵的非 0 元相乘后不等于 0
                        flag=search(*C,A.data[i].row,B.data[j].col);
                        //调用搜索函数，找到 row 行 col 列在 C 的顺序表中的位置
                        if(flag==-1)            //若找不到
                        {
                            C->data[C->len].col = B.data[j].col;
                            C->data[C->len].row = A.data[i].row;
                            C->data[C->len++].e = A.data[i].e*B.data[j].e;
                        }
                        else
                         C->data[flag].e=C->data[flag].e+A.data[i].e*B.data[j].e;
                    }
                }//end_for
            }//end_for(i=0;i<A.len;i++)
        }//end_if(A.n == B.m)
        else  printf("不能相乘! \n");;          //矩阵 A、B 的行列值不满足相乘条件
    }
```

5.2.5　测试分析

系统主菜单运行界面如图5-15所示。

用户输入 0 并按回车键，进入创建矩阵子菜单。首先创建矩阵 **A**，系统提示用户输入矩阵 **A** 的行、列值及非 0 元的个数，用户输入 3 3 3 并按回车键（表示创建一个 3 行 3 列有 3 个非 0 元的稀疏矩阵），系统提示用户输入非 0 元对应的行、列、值，用户输入完成后系统又提示用户创建矩阵 **B**，最后以阵列形式打印矩阵 **A** 和 **B**，如图5-16所示。

图 5-15　主菜单运行界面

图 5-16　创建矩阵

　　每执行完一个操作，系统将循环出现主菜单运行界面。用户输入 1 并按回车键，系统执行 *A*+*B* 运算，运行结果如图5-17所示。

　　用户输入 2 并按回车键，系统执行 *A*−*B* 运算，运行结果如图5-18所示。

　　用户输入 3 并按回车键，系统执行 *A* × *B* 运算，运行结果如图5-19所示。

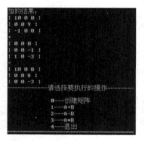　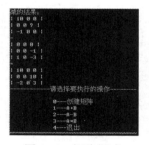　

图 5-17　矩阵相加　　　　　图 5-18　矩阵相减　　　　　图 5-19　矩阵相乘

　　用户输入 4 并按回车键，退出系统。

5.2.6　源程序清单

```c
#include <stdio.h>
#include <stdlib.h>
#define MAXSIZE 20
typedef struct
{ //三元组的定义
    int row;                        //非 0 元的行下标
    int col;                        //非 0 元的列下标
    int e;                          //非 0 元的值
}Triple;
typedef struct
{//矩阵的定义
    Triple data[MAXSIZE];           //非 0 元三元组表
    int m,n,len;                    //矩阵的行数、列数和非 0 元个数
}TSMatrix;
//1. 矩阵初始化
```

```
void initMatrix(TSMatrix *A)
{   int i;
    A->len=0;    A->m=0;      A->n=0;
    for(i=0; i<MAXSIZE; i++)
    {
        A->data[i].col=0;
        A->data[i].e=0;
        A->data[i].row=0;
    }
}//end initMatrix
```
//2. 创建矩阵
```
void createMatrix(TSMatrix *A)              //源代码参见：5.2.4 详细设计 2.(2)
```
//3. 矩阵相加
```
void add(TSMatrix A, TSMatrix B, TSMatrix *C)
                                           //源代码参见：5.2.4 详细设计 2.(3)
```
//4. 矩阵相减
```
void sub(TSMatrix A, TSMatrix B, TSMatrix *C)
                                           //源代码参见：5.2.4 详细设计 2.(4)
```
//5. 搜索函数
```
int search(TSMatrix A, int m, int n)
{   //查找 m 行 n 列元素在矩阵 A 的三元组表中的位置。若找到，则返回位置值；否则，返回-1
    int i,flag=-1;                         //flag 为搜索结果标识，初始化为-1
    for(i=0; i<MAXSIZE; i++)               //依次搜索 A 的三元组表中每一个非 0 元
    {
        if( A.data[i].row==m && A.data[i].col==n )
        {//找到了 m 行 n 列的元素位置
            flag=i;                        //将此元素位置赋值给 flag
            break;
        }
    }
    return flag;                           //返回 flag
}
```
//6. 矩阵相乘
```
void mult(TSMatrix A,TSMatrix B,TSMatrix *C)
                                           //源代码参见：5.2.4 详细设计 2.(5)
```
//7. 打印矩阵函数，输出以阵列形式表示的矩阵
```
void print(TSMatrix A)
{
    int k=0, i, j;
    int M[MAXSIZE][MAXSIZE];
    for(i=0; i<A.m; i++)                   //初始化矩阵 M
        for(j=0; j<A.n; j++)
            M[i][j]=0;
    while(k<A.len)                         //三元组表的复制
    {
        M[A.data[k].row-1][A.data[k].col-1] = A.data[k].e;
        k++;
    }
    for(i=0; i<A.m; i++)                   //以列表形式打印矩阵
    {
        printf("| ");                      //控制打印格式
        for(j=0; j<A.n; j++)
```

```
            printf("%d", M[i][j]);
        printf("| \n");                        //控制打印格式，endl 表示回车
    }//endfor
}//end print
//8. 工作区函数，显示程序主菜单
void showtip()
{
    printf("------------请选择要执行的操作----------\n");
    printf("              0---创建矩阵\n");
    printf("              1---A+B\n");
    printf("              2---A-B\n");
    printf("              3---A*B\n");
    printf("              4---退出\n");
    printf("~~~~~~~~~~~~~~~~~~~~~~~~~~~~~~~~~~~~~~~~\n");
}
//9. 主函数
void main()
{
    TSMatrix A,B,C;
    int i;
    showtip();                                 //调用菜单函数
    printf("\n 请输入您的选择（0-4）: ");
    scanf("%d", &i);
    while (1)
    {
      switch(i)
      {
        case 0:{
                system("cls");
                printf("创建矩阵 A: \n");
                createMatrix(&A);              //调用创建矩阵函数
                printf("创建矩阵 B: \n");
                createMatrix(&B);
                showtip();                     //调用菜单函数
                break;
              }
        case 1:{
                system("cls");
                if(A.m==0||B.m==0)   printf("未建矩阵\n");
                else
                {
                  initMatrix(&C);              //初始化矩阵 C
                  add(A,B,&C);                 //调用矩阵相加函数
                  if(A.m==B.m && A.n==B.n)
                  {
                    printf("加的结果：\n");
                    print(A);                  //调用打印矩阵函数，输出矩阵 A
                    printf("+\n");
                    print(B);                  //调用打印矩阵函数，输出矩阵 B
                    printf("=\n");
                    print(C);                  //调用打印矩阵函数，输出矩阵 C
                  }
```

```
          }//endelse
          showtip();                    //调用菜单函数
          break;
       }
  case 2:{
          system("cls");
          if(A.m==0||B.m==0)   printf("未建矩阵\n");
          else
          {
             initMatrix(&C);            //初始化矩阵 C
             sub(A,B,&C);               //调用矩阵相减函数
             printf("减的结果: \n");
             print(A);                  //调用打印矩阵函数，输出矩阵 A
             printf("-\n");
             print(B);                  //调用打印矩阵函数，输出矩阵 B
             printf("=\n");
             print(C);                  //调用打印矩阵函数，输出矩阵 C
          }
          showtip();                    //调用菜单函数
          break;
       }
  case 3:{
          system("cls");
          if(A.m==0||B.m==0)   printf("未建矩阵\n");
          else
          {
             initMatrix(&C);            //初始化矩阵 C
             mult(A,B,&C);              //调用矩阵相乘函数
             if(A.n==B.m)
             {
                printf("乘后的结果: \n");
                print(A);               //调用打印矩阵函数，输出矩阵 A
                printf("*\n");
                print(B);               //调用打印矩阵函数，输出矩阵 B
                printf("=\n");
                print(C);               //调用打印矩阵函数，输出矩阵 C
             }
          }//end_else
          showtip();                    //调用菜单函数
          break;
       }
  case 4:   exit (0);  break;           //退出
  }//end_switch
  scanf("%d", &i);
} //end_while
}//end_main
```

5.2.7　用户手册

（1）本程序执行文件为"稀疏矩阵运算器.exe"。
（2）进入本系统之后，根据提示输入数据。

5.3　"广义表基本操作演示系统"的设计与实现

（演示视频）

5.3.1　设计要求

1．问题描述

实现广义表基本操作的演示。

2．需求分析

用户从键盘输入描述广义表的字符串，系统实现创建广义表，求广义表的长度、深度，复制广义表，遍历广义表，取广义表的表头、表尾等操作。

5.3.2　模块设计

1．广义表的存储结构

本系统采用广义表的扩展线性链表存储结构，定义如下：

```
typedef enum{ATOM,LIST}ElemTag;        //ATOM==0 表示原子，LIST==1 表示子表
typedef struct GLNode
{
    ElemTag  tag;                      //标志域，用于区分原子结点和表结点
    union
    {                                  //原子结点和表结点的联合部分
        AtomType atom;                 //原子结点的值域，AtomType 自定义为字符型
        struct GLNode *hp;             //表结点的表头指针
    };
    struct GLNode *tp;                 //扩展线性链表的 next 指针，指向下一个元素结点
}*GList,GLNode;                        //广义表的扩展线性链表结构
```

2．系统模块设计

本程序包含 3 个模块：主程序模块、广义表操作模块、串操作模块。其调用关系如图 5-20 所示。

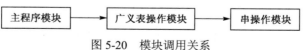

图 5-20　模块调用关系

3．系统子程序及功能设计

本系统共设置 20 个子程序，各子程序的函数名及功能说明如下。
以下函数编号（1）～（9）是串的基本操作：

```
（1）Status StrAssign(HString *T,char *chars)        //创建串
（2）Status StrCopy(HString *T,HString S)            //复制串
```

（3）Status StrEmpty(HString S)　　　　　　　　　　　　　//判断串是否为空
（4）int StrCompare(HString S,HString T)　　　　　　　　//串比较
（5）int StrLength(HString S)　　　　　　　　　　　　　//取串长
（6）Status ClearString(HString *S)　　　　　　　　　　//清空串
（7）Status SubString(HString *Sub, HString S,int pos,int len)　//取子串
（8）void InitString(HString *T)　　　　　　　　　　　//初始化串
（9）Status sever(HString *str,HString *hstr)　　　　　　//分割串

以下函数编号（10）～（19）是广义表的基本操作：

（10）Status InitGList(GList *L)　　　　　　　　//创建空的广义表 L
（11）Status CreateGList(GList *L,HString S)　　//由串 S 创建广义表 L
（12）void DestroyGList(GList *L)　　　　　　　//销毁广义表，递归调用（12）
（13）Status CopyGList(GList *T,GList L)　　　　//复制广义表，递归调用（13）
（14）int GListLength(GList L)　　　　　　　　　//求广义表的长度
（15）int GListDepth(GList L)　　　　　　　　　//求广义表的深度，递归调用（15）
（16）GList GetHead(GList L)　　　　　　　　　//取广义表的头，调用（10）和（13）
（17）GList GetTail(GList L)　　　　　　　　　//取广义表的尾，调用（13）
（18）void Traverse_GL(GList L,void(*v)(AtomType))　//遍历广义表，递归调用（18）
（19）void visit(AtomType e)　　　　　　//访问函数，将作为 Traverse_GL 函数的实参
（20）void main()　　　　　　//主函数

4．函数主要调用关系图

广义表基本操作演示系统 20 个子程序之间的主要调用关系如图5-21所示。图中数字是各函数的编号。

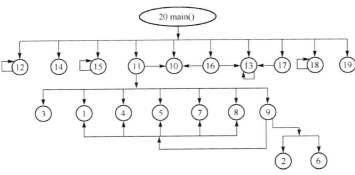

图 5-21　系统函数主要调用关系图

5.3.3　详细设计

1．数据类型定义

（1）串类型定义。

```
typedef  struct
{ //串的堆分配存储表示
    char *ch;                    //若是非空串，则按串长分配存储区；否则 ch 为 NULL
    int length;                  //串长度
}HString;
```

（2）广义表的存储结构。

采用广义表的扩展线性链表存储表示，详见 5.3.2 节。

（3）函数类型定义。

```
typedef int Status;              //Status 是函数的返回值类型（整型）
```

2．系统主要子程序详细设计

（1）主函数模块设计。

```
void main()
{
    int i;
    do
    {
        输出操作菜单;
        输入操作序号 i;
        switch (i)
        {
            调用相应函数执行相应操作;
            输出操作结果;
        }
    } while (i);
}
```

（2）创建空的广义表。

```
Status InitGList(GList *L)
{  *L=NULL;   return OK;
}
```

（3）由串创建广义表。

```
Status CreateGList(GList *L,HString S)
{
    HString emp, sub, hsub;          //声明串类型变量
    GList p;                         //声明广义表类型变量
    InitString(&emp);                //初始化 HString 类型的变量
    InitString(&sub);
    InitString(&hsub);
    StrAssign(&emp,"()");            //调用创建串函数，设 emp="()"
    *L=(GList)malloc(sizeof(GLNode));
    if(!*L)
        exit(OVERFLOW);              //建表结点不成功，退出
    if(!StrCompare(S,emp))           //调用串比较函数判断，若 S 与 emp
    {                                //的串长不相等，则创建空表
        (*L)->tag = LIST;
        (*L)->a.hp = NULL;
        (*L)->tp = NULL;
    }
    else if(StrLength(S)==1)         //若 S 的串长为 1，则创建单原子广义表
    {
```

```
        (*L)->tag = ATOM;
        (*L)->a.atom = S.ch[0];
        (*L)->tp = NULL;
    }
    else                                    //创建一般表
    {
        (*L)->tag = LIST;
        (*L)->tp = NULL;
        SubString(&sub,S,2,StrLength(S)-2);   //脱外层括号
        sever(&sub,&hsub);                     //从 sub 中分离出表头串 hsub
        CreateGList(&(*L)->a.hp,hsub);         //递归创建广义表 L
        p=(*L)->a.hp;
        while(!StrEmpty(sub))
        { //调用 StrEmpty 函数判断表尾是否为空。若否,则重复建 n 个子表
            sever(&sub,&hsub);                 //从 sub 中分离出表头串 hsub
            CreateGList(&p->tp, hsub);
            p=p->tp;
        }
    }
    return OK;
}//end_CreateGList
```

（4）销毁广义表。

```
void DestroyGList(GList *L)
{
    GList ph,pt;
    if(*L)                                  //L 不为空表
    {                                       //由 ph 和 pt 接替 L 的两个指针
        if((*L)->tag)  ph=(*L)->a.hp;       //是子表
        else     ph=NULL;                   //是原子
        pt=(*L)->tp;
        free(*L);                           //释放 L 所指结点
        *L=NULL;                            //令 L 为空
        DestroyGList(&ph);                  //递归销毁表 ph
        DestroyGList(&pt);                  //递归销毁表 pt
    }
}
```

（5）复制广义表。

```
Status CopyGList(GList *T, GList L)
{                                           //由广义表 L 复制得到广义表 T
    if(!L)                                  //复制空表
    { *T=NULL;   return OK; }
    *T = (GList)malloc(sizeof(GLNode));
    if(!*T)   exit(OVERFLOW);
    (*T)->tag = L->tag;                     //复制枚举变量
```

```
        if(L->tag == ATOM)                              //复制共用体部分
            (*T)->a.atom = L->a.atom;                   //复制单原子
        else
            CopyGList(&(*T)->a.hp,L->a.hp);     //函数递归的调用，复制子表
        if(L->tp == NULL)
            (*T)->tp = L->tp;                           //到达表尾
        else
            CopyGList(&(*T)->tp,L->tp);         //复制子表
        return OK;
    }//CopyGList
```

（6）求广义表的长度。

```
    int GListLength(GList L)
     {
        int len = 0;
        GList p;
        if(L->tag == LIST && !L->a.hp) return 0;    //空表，返回 0
        else if(L->tag == ATOM)  return 1;          //单原子表，返回 1
        else                                        //一般表
        {   p=L->a.hp;
            do
            {
                len++;   p=p->tp;
            }while(p);
            return len;
        }
     }
```

（7）求广义表的深度。

```
    int GListDepth(GList L)
     {
        int max,dep;
        GList pp;
        if(L==NULL || L->tag==LIST && !L->a.hp)    return 1;    //空表深度为 1
        else if(L->tag == ATOM)    return 0;                    //单原子表深度为 0
        else                                                    //求一般表的深度
            for(max=0,pp=L->a.hp; pp; pp=pp->tp)
            {
                dep=GListDepth(pp);                 //递归求以 pp 为头指针的子表深度
                if(dep>max)    max=dep;
            }
        return max+1;                   //非空表的深度是各元素的深度的最大值加 1
     }
```

（8）取广义表的头。

```
    GList GetHead(GList L)
     {
        GList h;
```

```
    InitGList(&h);                                    //创建空广义表 h
    if(!L || L->tag==LIST && !L->a.hp)                //若 L 为空表
    {
        printf ("\n 空表无表头!");   exit (0);          //若表空，则退出
    }
    h=(GList)malloc(sizeof(GLNode));                  //为广义表 h 动态分配内存空间
    if(!h)  exit(OVERFLOW);                           //分配空间失败，退出
    h->tag = L->a.hp->tag;                            //取表头
    h->tp = NULL;
    if(h->tag == ATOM)  h->a.atom = L->a.hp->a.atom;  //表头为单原子
    else  CopyGList(&h->a.hp,L->a.hp->a.hp);          //表头为子表
    return h;                                         //返回表头
}//end GetHead
```

（9）取广义表的尾。

```
GList GetTail(GList L)
{
    GList T;                                          //声明广义表类型变量 T
    if(!L)                                            //若 L 为空表
    {
        printf("\n 空表无表尾!");   exit (0);          //退出
    }
    T=(GList)malloc(sizeof(GLNode));                  //为广义表 T 动态分配内存空间
    if(!T)  exit(OVERFLOW);                           //分配空间失败，退出
    T->tag = LIST;                                    //表尾一定是子表，省去判断
    T->tp = NULL;
    CopyGList(&T->a.hp,L->a.hp->tp);                  //调用复制广义表函数，将表尾赋值给 T
    return T;                                         //返回表尾
}
```

（10）遍历广义表。

```
void Traverse_GL(GList L,void(*v)(AtomType))
{
    GList hp;
    if(L)                                             //L 不为空
    {
        if(L->tag == ATOM)                            //L 为单原子
        {
            v(L->a.atom);    hp=NULL;
        }
        else  hp=L->a.hp;                             //L 为子表
        Traverse_GL(hp,v);                            //递归调用
        Traverse_GL(L->tp,v);
    }
}
```

5.3.4　测试分析

系统运行后，显示主菜单运行界面，并提示用户输入操作序号。用户输入 1 并按回车键，再输入 (a,(b),(c,d),e)并按回车键，创建广义表 L，如图 5-22 所示。

用户输入 2 并按回车键，系统输出广义表 L 的长度，如图5-23所示。

用户输入 3 并按回车键，系统输出广义表 L 的深度，如图5-24所示。

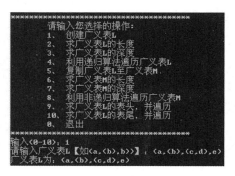

图 5-22　创建广义表 L

图 5-23　广义表 L 的长度

图 5-24　广义表 L 的深度

用户输入 4 并按回车键，系统遍历广义表 L 并输出，如图5-25所示。

用户输入 5 并按回车键，系统复制广义表 L 至广义表 M，如图5-26所示。

图 5-25　遍历广义表 L

图 5-26　复制广义表 L 至广义表 M

用户输入 6（或 7、8）并按回车键，操作结果与前类似。

用户输入 9 并按回车键，系统输出广义表 L 的表头，如图5-27所示。

用户输入 10 并按回车键，系统输出广义表 L 的表尾，如图5-28所示。

图 5-27　求广义表 L 的表头　　　　　　　图 5-28　求广义表 L 的表尾

5.3.5　源程序清单

```c
#include<string.h>
#include<ctype.h>
#include<malloc.h>
#include<limits.h>
#include<stdio.h>
#include<stdlib.h>
#include<io.h>
#include<math.h>
#include<process.h>
#define TRUE 1
#define FALSE 0
#define OK 1
#define ERROR 0
#define INFEASIBLE -1
```

```
typedef char AtomType;          //定义原子类型为字符型
typedef int Status;             //Status是函数的类型，其值是函数结果状态代码，如OK等
//串的堆分配存储表示
typedef struct
{
    char *ch;                   //若是非空串，则按串长分配存储区，否则ch为NULL
    int length;                 //串长度
}HString;
//广义表的扩展线性链表存储表示
typedef enum{ATOM,LIST}ElemTag; //ATOM==0:原子，LIST==1:子表
typedef struct GLNode
{
    ElemTag tag;                //公共部分，用于区分原子结点和表结点
    union                       //原子结点和表结点的联合部分
    {
        AtomType atom;          //原子结点的值域，AtomType自定义为字符型
        struct GLNode *hp;      //表结点的表头指针
    }a;
    struct GLNode *tp;          //相当于线性链表的next，指向下一个元素结点
}*GList,GLNode;                 //广义表类型GList是一种扩展的线性链表
//1. 创建串
Status StrAssign(HString *T,char *chars)
{
    int i, j;
    if((*T).ch)  free((*T).ch);     //释放T的原有空间
    i=strlen(chars);                //字符串的长度赋值给i
    if(!i)                          //若i为0，则创建一个空串
    {
        (*T).ch=NULL;  (*T).length=0;
    }
    else                            //字符串的长度不为0
    {
        (*T).ch=(char*)malloc(i*sizeof(char)); //动态分配内存空间给T
        if(!(*T).ch)  exit(OVERFLOW);          //分配串空间失败，退出
        for(j=0; j<i; j++)                     //复制串
            (*T).ch[j] = chars[j];
        (*T).length = i;                       //i为新串的串长
    }
    return OK;                                 //串创建成功
}
//2. 复制串
Status StrCopy(HString *T,HString S)
{ //由串S复制得串T
    int i;
    if((*T).ch)  free((*T).ch);                //释放T的原有空间
    (*T).ch=(char*)malloc(S.length*sizeof(char));//动态分配内存空间给T
    if(!(*T).ch)  exit (OVERFLOW);             //分配空间失败，退出
    for( i=0;i<S.length;i++)                   //复制串值
        (*T).ch[i]=S.ch[i];
    (*T).length=S.length;                      //复制串长
    return OK;
}
```

```
//3. 判断串是否为空
Status StrEmpty(HString S)
{ //若 S 为空串，则返回 TRUE，否则返回 FALSE
    if(S.length==0 && S.ch==NULL) return TRUE;
    elsereturn FALSE;
}
//4. 串比较
int StrCompare(HString S, HString T)
{ //若 S>T，则返回值>0；若 S=T，则返回值=0；若 S<T，则返回值<0
    int i;
    for(i=0; i<S.length && i<T.length; ++i)
    {
        if(S.ch[i]!= T.ch[i])    //若有不相等的字符，则返回它们之差
            return S.ch[i]-T.ch[i];
    }
    return S.length-T.length;    //若比较过的所有字符都相等，则返回串长之差
}
//5. 取串长
int StrLength(HString S)
{ //返回 S 的元素个数，称为串的长度
    return S.length;
}
//6. 清空串
Status ClearString(HString *S)
{ //将 S 清为空串
    if((*S).ch)
    {
        free((*S).ch);                      //释放内存空间
        (*S).ch=NULL;                       //头指针置为空
    }
    (*S).length=0;                          //串长置为 0
    return OK;
}
//7. 取子串
Status SubString(HString *Sub, HString S,int pos,int len)
{ //用 Sub 返回串 S 的第 pos 个字符起长度为 len 的子串
  //其中，1≤pos≤StrLength(S)且 0≤len≤StrLength(S)-pos+1
    int i;
    if(pos<1 || pos>S.length || len<0 || len>S.length-pos+1)
        return ERROR;
    if((*Sub).ch)  free((*Sub).ch);         //释放旧空间
    if(!len)                                 //空子串
    {
        (*Sub).ch=NULL;     (*Sub).length=0;
    }
    else
    {                                        //完整子串
        (*Sub).ch=(char*)malloc(len*sizeof(char));
        if(!(*Sub).ch)  exit (OVERFLOW); //分配内存失败，退出
        for(i=0; i<=len-1; i++)
            (*Sub).ch[i]=S.ch[pos-1+i];      //逐个字符复制
        (*Sub).length=len;
```

```
    }//endelse
    return OK;
}//end SubString
//8．初始化串
void InitString(HString *T)
{ //初始化(产生空串)字符串 T
    (*T).length = 0;
    (*T).ch = NULL;
}
//9．分割串
Status sever(HString *str,HString *hstr)
{ //将非空串 str 分割成两部分:hstr 为第 1 个','之前的子串，str 为之后的子串
    int n,i=1,k=0;                              //k 记尚未配对的左括号个数
    HString ch,c1,c2,c3;
    InitString(&ch);                           //初始化 HString 类型的变量
    InitString(&c1);
    InitString(&c2);
    InitString(&c3);
    StrAssign(&c1,",");                        //调用创建串函数
    StrAssign(&c2,"(");
    StrAssign(&c3,")");
    n=StrLength(*str);                         //调用取串长函数
    do
    {
        SubString(&ch,*str,i,1);               //取子串
        if (!StrCompare(ch,c2))                //调用串比较函数
            ++k;
        else if (!StrCompare(ch,c3))           //调用串比较函数
            --k;
        ++i;
    }while(i<=n && StrCompare(ch,c1) || k!=0); //调用串比较函数
    if(i<=n)
    {
        StrCopy(&ch,*str);                     //调用复制串函数
        SubString(hstr,ch,1,i-2);              //取子串
        SubString(str,ch,i,n-i+1);             //取子串
    }
    else
    {
        StrCopy(hstr,*str);                    //调用复制串函数
        ClearString(str);                      //清空串 str
    }
    return OK;
}
//10．创建空的广义表 L
Status InitGList(GList *L)                      //源代码参见：5.3.3 详细设计 2.(2)
//11．由串 S 创建广义表 L
Status CreateGList(GList *L,HString S)          //源代码参见：5.3.3 详细设计 2.(3)
//12．销毁广义表
void DestroyGList(GList *L)                     //源代码参见：5.3.3 详细设计 2.(4)
//13．复制广义表
Status CopyGList(GList *T,GList L)              //源代码参见：5.3.3 详细设计 2.(5)
```

```
//14. 求广义表的长度
int GListLength(GList L)                    //源代码参见：5.3.3 详细设计 2.(6)
//15. 求广义表的深度
int GListDepth(GList L)                     //源代码参见：5.3.3 详细设计 2.(7)
//16. 取广义表的头
GList GetHead(GList L)                      //源代码参见：5.3.3 详细设计 2.(8)
//17. 取广义表的尾
GList GetTail(GList L)                      //源代码参见：5.3.3 详细设计 2.(9)
//18. 遍历广义表
void Traverse_GL(GList L,void(*v)(AtomType))
                                           //源代码参见：5.3.3 详细设计 2.(10)
//19. 访问函数，将作为 Traverse_GL 函数的实参
void visit(AtomType e)
{
    printf("%c", e);
}
//20. 主函数
void main()
{
    char p[80];
    int i;
    GList l,m;
    HString t;
    InitString(&t);                        //初始化 HString 类型的变量
    InitGList(&l);                         //创建空广义表
    InitGList(&m);
    do
    {
        printf ("\n*********************************\n");
        printf ("\t 请输入您选择的操作:\n");
        printf ("\t1、  创建广义表 L\n");
        printf ("\t2、  求广义表 L 的长度\n");
        printf ("\t3、  求广义表 L 的深度\n");
        printf ("\t4、  利用递归算法遍历广义表 L\n");
        printf ("\t5、  复制广义表 L 至广义表 M\n");
        printf ("\t6、  求广义表 M 的长度\n");
        printf ("\t7、  求广义表 M 的深度\n");
        printf ("\t8、  利用非递归算法遍历广义表 M\n");
        printf ("\t9、  求广义表 L 的表头，并遍历\n");
        printf ("\t10、求广义表 L 的表尾，并遍历\n");
        printf ("\t0、  退出\n");
        printf ("*********************************\n");
        do
        {
            printf("输入(0-10): ");
            scanf("%d",&i);
            getchar ( );
        }while(i<0||i>10);
        switch(i)
        {
          case 1:
            printf("请输入广义表 L【如(a,(b),b)】: ");
```

```
          gets(p);
          StrAssign(&t,p);
          printf("广义表 L 为: %s\n",t);
          CreateGList(&l,t);                    //由 t 创建广义表 l
          break;
     case 2:
          printf("广义表 L 的长度=%d\n",GListLength(l));
          break;
     case 3:
          printf("广义表 L 的深度=%d \n",GListDepth(l));
          break;
     case 4:
          printf("利用递归算法遍历广义表 L: \n");
          Traverse_GL(l,visit);          //调用访问函数，处理 l 的每个元素
          printf("\n");
          break;
     case 5:
          CopyGList(&m,l);
          printf("已复制广义表 L 至广义表 M，广义表 M 为: %s\n",t);
          break;
     case 6:
          printf("广义表 M 的长度=%d\n",GListLength(m));
          break;
     case 7:
          printf("广义表 M 的深度=%d\n",GListDepth(m));
          break;
     case 8:
          printf("利用非递归算法遍历广义表 M: \n");
          Traverse_GL(m,visit);          //调用访问函数，处理 m 的每个元素
          printf("\n");
          break;
     case 9:
          DestroyGList(&m);                      //销毁广义表 m
          m=GetHead(l);                          //取广义表 l 的头
          printf("求广义表 L 的表头，并遍历: \n");
          Traverse_GL(m,visit);                  //遍历广义表 m
          printf("\n");
          break;
     case 10:
          DestroyGList(&m);                      //销毁广义表 m
          m=GetTail(l);                          //取广义表 l 的尾
          printf ("m 求广义表 L 的表尾，并遍历: \n");
          Traverse_GL(m,visit);                  //遍历广义表 m
          printf ("\n");
     }//endswitch
  }while(i);
  printf("\n");
  DestroyGList(&m);                              //销毁广义表 m
  system("PAUSE");                               //屏幕暂停
}//endmain
```

5.3.6　用户手册

（1）本程序执行文件为"广义表基本操作演示系统.exe"。
（2）进入本系统之后，根据提示输入数据。

5.4　课程设计题选

5.4.1　模拟实现多维数组类型

【问题描述】

设计并模拟实现整型多维数组类型。

【基本要求】

尽管 C 和 Pascal 等程序设计语言已经提供了多维数组，但在某些情况下，定义用户所需的多维数组也是很有用的。通过设计并模拟实现整型多维数组类型，可以深刻理解和掌握更广泛的多维数组类型。整型多维数组应具有以下特点：

（1）定义整型多维数组类型，各维的下标是从任意整数开始的连续整数。
（2）为下标变量赋值，执行下标范围检查。
（3）为同类型数组赋值。
（4）为子数组赋值，例如，$a[1\cdots n] = a[2\cdots n+1]$；$a[2\cdots 4][3\cdots 5] = b[1\cdots 3][2\cdots 4]$。
（5）确定数组的大小。

【实现提示】

各基本功能可以分别用函数模拟实现，应仔细考虑函数参数的形式和设置。定义整型多维数组类型时，其类型信息可以存储在如下定义的类型记录中：

```
#define MaxDim 5                //数组最大维数
typedef struct
{
    int dim,integer;           //数组维数
    BoundPtrlower;             //各维下界表的指针
    BoundPtrupper;             //各维上界表的指针
    ConstPtrconstants;         //映像函数常量表的指针
}NArray, *NArrayPtr;
```

整型多维数组变量的存储结构类型可定义为：

```
typedef struct
{
    ElemType *elem;            //数组元素基址
    int num;                   //数组元素个数
    NArrayPtr TypeRecord;      //数组类型信息记录的指针
}NArrayType;
```

实现子数组赋值时应注意以下情况：

$a[1\cdots n] = a[2\cdots n+1]$是数组元素前移，等价于 for (i = 1; i <= n; i++)　a[i] = a[i+1]。

但是，$a[2\cdots n+1] = a[1\cdots n]$是数组元素后移，等价于 for (i = n; i>=1; i--)　a[i+1] = a[i]。

【选做内容】

（1）各维的下标是从任意字符开始的连续字符。

（2）数组初始化。

（3）修改数组的下标范围。

5.4.2　稀疏矩阵的转置

【问题描述】

稀疏矩阵是指多数元素为零的矩阵。利用稀疏特点进行存储和计算可以大大节省存储空间，提高计算效率。试编程求一个稀疏矩阵 A 的转置矩阵 B。

【基本要求】

以"带行逻辑链接信息"的三元组顺序表表示稀疏矩阵，实现稀疏矩阵的转置运算。稀疏矩阵的输入形式采用三元组表示，而运算的结果矩阵则以通常的阵列形式输出。

【测试数据】

$$\begin{bmatrix} 0 & 1 & 2 & 0 \\ 3 & 0 & 0 & 0 \\ 0 & 4 & 0 & 5 \end{bmatrix} \xrightarrow{\text{转置}} \begin{bmatrix} 0 & 3 & 0 \\ 1 & 0 & 4 \\ 2 & 0 & 0 \\ 0 & 0 & 5 \end{bmatrix}$$

【实现提示】

将稀疏矩阵 A 的三元组顺序表设为 a.data，A 的非 0 元在表 a.data 中以行序为主序顺序排列。若要得到 A 的转置矩阵 B 的以行序为主序顺序排列的三元组表 b.data，则需按 a.data 中的列序进行转置，因此，需要反复扫描表 a.data。

【选做内容】

（1）用快速转置算法实现本题。增加两个一维数组 num[ ] 和 cpot[ ]。num[ ] 数组记载矩阵 A 中每一列的非 0 元的个数，cpot[ ] 数组记载矩阵 A 中每一列的第 1 个非 0 元在 b.data 中的起始位置，该位置是可以通过前一列第 1 个非 0 元的起始位置加上前一列非 0 元的个数得到的。依据数组 num[ ]、cpot[ ] 记载的信息，依次直接将 a.data 中的三元组信息放入 b.data 的适当位置。

（2）以十字链表表示稀疏矩阵。试求矩阵的逆运算，包括不可逆的情况的判断。

5.4.3　识别广义表的"头"或"尾"的演示

【问题描述】

写一个程序，建立广义表的存储结构，演示在此存储结构上实现的求广义表表头、表尾操作序列的结果。

【基本要求】

（1）设一个广义表允许分多行输入，其中可以任意地输入空格符，原子是不限长的仅由字母或数字组成的串。

（2）广义表采用头尾链表结点存储结构，试按表头和表尾的分解方法编写建立广义表存储结构的算法。

（3）对已建立存储结构的广义表施行操作，操作序列为一个仅由"t"或"h"组成的串，它可以是空串（此时打印整个广义表），自左向右施行各操作，再以符号形式显示结果。

【测试数据】

对广义表(( ),(e1),(abc,(e2,c,dd)))执行操作：tth。

【实现提示】

（1）广义表串可以利用 C 语言中的串类型定义。

（2）输入广义表时靠括号匹配判断结束，滤掉空格符之后，存于一个串变量中。

（3）为了实现指定的算法，应在广义表串结构上定义以下 4 个操作。

① 测试串 test(s)：当 s 分别为空串（Nulls）、原子串（Element）和其他形式串（Other）时，分别返回字符"N"、"E"、"O"。

② 取广义表表头 hsub(s,h)：s 表示一个由逗号隔开的广义表和原子的混合序列，h 为变量参数。返回表示序列第 1 项的字符串。如果 s 为空串，则 h 也赋为空串。

③ 取广义表表尾 tsub(s,t)：s 的定义同 hsub 操作，t 为变量参数。返回从 s 中除去第 1 项（及其以后的逗号，若存在）之后的子串。

④ 取子串 strip(s,r)：s 的定义同 hsub 操作，r 为变量参数。如果串 s 以"("开头和以")"结束，则返回除去这对括号后的子串，否则取空串。

（4）在广义表的输出形式中，可以适当添加空格符，使得结果更美观。

【选做内容】

（1）将 hsub 和 tsub 两个操作合为一个（用变量参数 h 和 t 分别返回各自的结果），以便提高执行效率。

（2）设原子为单个字母。广义表的建立算法改用边读入边建立的自底向上识别策略实现，广义表符号串不整体缓冲。

第6章　树及其应用

树是一种十分重要的非线性数据结构。树在现实世界中广泛存在，如人类社会的族谱和各种组织机构都可用树形结构形象描述。在计算机领域中树也得到了广泛应用，如在编译程序中，可以用树来表示源程序的语法结构；而在数据库系统中，树也是信息的重要组织形式之一。

本章课程设计一方面将树形结构的操作进一步集中在遍历操作上，因为遍历操作是其他众多操作的基础；另一方面应用树形结构解决一些与实际应用结合紧密、规模较大的问题。

6.1　本章知识要点

线性结构中结点间具有唯一前驱、唯一后继关系，而非线性结构的特征是结点间前驱、后继的关系不具有唯一性。在树形结构中结点间关系是唯一前驱，而后继不唯一，即结点之间是一对多的关系，因此树是一种层次结构，在文件系统、数据库系统、编译系统等方面有重要应用。

6.1.1　树与森林

1. 树的定义及基本运算

树是由 n（$n \geq 0$）个结点组成的有限集合 T。若 $n = 0$，则称为空树；若 $n>0$，则满足如下两个条件：①有且仅有一个特定的称为根（root）的结点；②除根结点以外的其他结点可以划分为 m（$m \geq 0$）个互不相交的有限集合 T_1, T_2, $\cdots$, T_m，其中每个子集 T_i 又是一棵树，称为根的子树。这是一个递归定义，反映了树的固有特性。

树的基本操作有很多，如树的建立、按某种方法遍历树、求一个结点的双亲和孩子、求树的深度、在树中插入或删除一个结点或子树等，其中遍历操作是实现树的其他操作的基础。例如，判定结点所在的层次、求一个结点是否为叶子结点等操作都需要在树的遍历过程中进行。

2. 树的存储结构

树的存储结构主要有孩子表示法、双亲表示法和孩子兄弟表示法，其中最为常用的是孩子兄弟表示法。

（1）孩子表示法。

把每个结点的孩子结点排列起来，看成一个线性表，且以单链表作为存储结构，则 n 个结点有 n 个孩子链表（叶子结点的孩子链表为空表）。而 n 个头指针又组成一个线性表，为了便于查找，可采用顺序存储结构。树的孩子表示法存储结构的形式定义为：

```
#define MAX_TREE_SIZE 100
typedef struct CTNode                    //孩子结点
{
```

```
    int   child;
    struct CTNode  *next;
}*ChildPtr;
typedef struct
{
    TElemType  data;
    ChildPtr   firstchild;                //孩子链表头指针
}CTBox;
typedef struct
{
    CTBox  nodes[MAX_TREE_SIZE];
    int    n,r;                           //结点数和根的位置
}Ctree;
```

将图6-1（a）中的树用孩子表示法表示，如图6-1（b）所示。

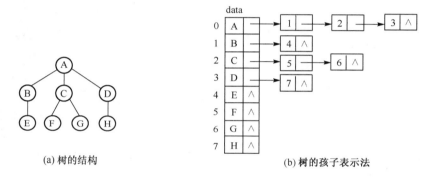

(a) 树的结构   (b) 树的孩子表示法

图 6-1   树的孩子表示法示意图

（2）双亲表示法。

在树中除根结点没有双亲结点外，其余的结点都有唯一的一个双亲结点。所以，可以采用一个连续空间来存储树的每个结点。每个结点包含两个域：结点本身的信息和该结点的双亲所在的位置。树的双亲表示法存储结构的形式定义为：

```
#define  MaxNumber 50               //树中结点个数
typedef struct tnode
{
    elementtype data;
    int parent;
}PTreeType;
PTreeType Tree[MaxNumber];
```

将图6-1（a）中树用双亲表示法表示，如图6-2所示。这种表示法对于求指定结点的双亲是十分方便的，但若求给定结点的孩子则很不方便。

（3）孩子兄弟表示法。

利用树与二叉树的相互转换关系，在存储结点信息的同时，附加两个指针域，分别指向该结点的左孩子和该结点的右邻兄弟，得到树的孩子兄弟表示法。孩子兄弟表示法存储结构的形式定义为：

```
typedef struct tnode
{
    elementtype     data;
    struct tnode    * firstChild, *nextSibing;
}CBTreeType;
```

这种表示法的最大优点是它和二叉树的二叉链表表示法完全一样，可以用二叉树的算法来实现对树的操作。孩子兄弟表示法又称为二叉树表示法或二叉链表表示法，即以二叉链表作为树的存储结构。将图6-1（a）中的树用孩子兄弟表示法表示，如图6-3所示。

	data	parent
0	A	-1
1	B	0
2	C	0
3	D	0
4	E	1
5	F	2
6	G	2
7	H	3

图6-2　树的双亲表示法示意图

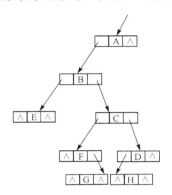

图6-3　树的孩子兄弟表示法示意图

3．树和森林的遍历

树的遍历主要有以下两种方法。

（1）先根遍历，即先访问树的根结点，然后依次先根遍历树的每一棵子树。

（2）后根遍历，即先依次后根遍历树的每一棵子树，然后访问根结点。

根据树与二叉树的转换关系和二叉树遍历的定义，不难发现：① 树的先根遍历序列与其转换后对应的二叉树的先序遍历序列相同；② 树的后根遍历序列与其转换后对应的二叉树的中序遍历序列相同。所以，根据上述结论，树的遍历算法可以采用树所对应的二叉树的遍历算法来实现。

森林的遍历亦有两种常用的方法。

（1）先序遍历森林：如果森林非空，则先访问森林中第 1 棵树的根结点，然后先序遍历第 1 棵树中的根结点的子树森林，最后先序遍历除去第 1 棵树之后剩余的树构成的森林。

（2）中序遍历森林：如果森林非空，则先中序遍历第 1 棵树中的根结点的子树森林，然后访问森林中第 1 棵树的根结点，最后中序遍历除去第 1 棵树之后剩余的树构成的森林。

同样，根据森林与二叉树的转换关系和二叉树的遍历定义，不难发现：① 森林的先序遍历序列与其转换后对应的二叉树的先序遍历序列相同；② 森林的中序遍历序列与其转换后对应的二叉树的中序遍历序列相同。因此，森林的遍历算法同样可以采用森林所对应的二叉树的遍历算法来实现。另外，树也可以视为只有一棵树的森林。

6.1.2　二叉树

二叉树是一种简单而重要的树形结构，二叉树的存储结构及其算法都相对比较简单，而且一般树的问题也可以通过将树转化为二叉树来解决。

1．二叉树的定义和性质

二叉树是 $n(n \geq 0)$ 个结点的有限集，它可以是空集($n = 0$)，或者由一个根结点组成($n=1$)，或者由一个根结点及两棵不相交的被称为左子树和右子树的二叉树组成($n>1$)，此为递归定义。

尽管二叉树和树的概念有很多相似的地方，但是二叉树并不是树的特殊情况。二叉树与树最主要的区别是：二叉树分左、右子树，位置是确定的，不能随意颠倒；即使度为 2 的有序树也不是一棵二叉树。因此，二叉树只有 5 种不同的基本形态，如图6-4所示。

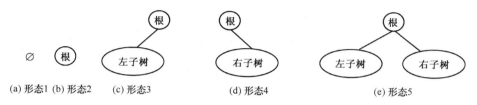

(a) 形态1　(b) 形态2　(c) 形态3　　　　(d) 形态4　　　　　　(e) 形态5

图 6-4　二叉树的 5 种基本形态

二叉树中有两种特殊的形式：满二叉树和完全二叉树。一棵深度为 k 且具有 $2^k - 1$ 个结点的二叉树称为满二叉树，如图6-5所示。如果一棵二叉树中最多只有最下面两层的结点的度可以小于 2，并且最下面一层的结点都依次排列在该层最左边的若干位置上，则称此二叉树为完全二叉树，如图6-6所示。

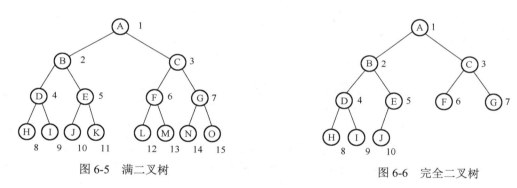

图 6-5　满二叉树　　　　　　　　　　图 6-6　完全二叉树

设二叉树的层数从 1 开始，二叉树具有下列特性。

（1）在二叉树的第 k 层上，最多有 2^{k-1} 个结点。

（2）深度为 k 的二叉树至多有 $2^k - 1$ 个结点。

（3）对任意一棵二叉树，如果叶子结点个数为 n_0，度为 2 的结点个数为 n_2，则 $n_0 = n_2 + 1$。

（4）具有 n 个结点的完全二叉树的深度为 $\lfloor \log_2 n \rfloor + 1$。

（5）若对具有 n 个结点的完全二叉树，按层次从上到下，每一层从左到右对结点编号，那么编号为 i 的结点具有以下性质：

① 若 $i = 1$，则结点 i 为二叉树的根，无双亲结点；否则，若 $i > 1$，则 i 结点的双亲结点的编号为 $\lfloor i/2 \rfloor$；

② 若 $2i \leq n$，则结点 i 的左孩子结点的编号为 $2i$，否则 i 无左孩子；

③ 若 $2i + 1 \leq n$，则结点 i 的右孩子结点的编号为 $2i + 1$，否则 i 无右孩子。

2．二叉树的存储结构

二叉树的存储结构有顺序存储结构和链式存储结构。

（1）顺序存储结构。

顺序存储结构是用一组连续的存储单元，从上到下、从左到右来存放二叉树中的所有结点的。对于满二叉树和完全二叉树来说，二叉树中结点的编号完全反映出了该二叉树中的结点之间的逻辑关系，可以将这类二叉树中结点的编号与数组下标建立一一对应关系，所以采用顺序存储较为合适。但是对于其他的二叉树来说，如果要保证结点的编号与数组下标建立一一对应关系，就需要对二叉树添加一些空结点，使之成为一棵完全二叉树，然后，可以用顺序存储结构来存储这棵二叉树。这样，一般会造成很大的空间浪费。

二叉树的顺序存储结构的形式定义为：

```
#define  MaxNode  100          //二叉树中的结点个数
elementtype BinTree[MaxNode];
```

（2）链式存储结构。

链式存储结构是将一个结点分成 3 个部分：一部分存放结点本身信息；另外两个部分是指针，分别存放其左、右孩子的地址。利用这种结构所得二叉树的存储结构称为二叉链表。二叉链表中结点结构描述如下，其结构如图6-7所示。

```
typedef struct BiTNode
{
    elementtype  data;
    struct BiTNode *Lchild,*Rchild;
}BiTNode,*BiTree;
```

左孩子指针域	数据域	右孩子指针域
Lchild	data	Rchild

图 6-7　二叉链表存储结构

3．二叉树的遍历

二叉树的遍历是指按照某一种顺序访问二叉树中所有结点，使得二叉树中的每一个结点被访问一次且仅被访问一次。常用的遍历方式有先序遍历、中序遍历和后序遍历。若二叉树不为空，则 3 种遍历方式如下。

（1）先序遍历。首先访问根结点，然后按先序遍历左子树，最后按先序遍历右子树。

（2）中序遍历。先按中序遍历左子树，然后访问根结点，最后按中序遍历右子树。

（3）后序遍历。先按后序遍历左子树，然后按后序遍历右子树，最后访问根结点。

4．线索二叉树

二叉树的遍历序列是一个线性序列，如果在二叉树中能够根据任意一个结点找到该结点在遍历序列中的直接后继结点，那么就很容易实现二叉树的遍历操作。为了实现这一点，可以利用二叉链表存储结构中的空指针来指出该结点在某种遍历下的直接前驱和直接后继，这样的指针称为线索。

在二叉树的二叉链表存储结构中，若结点的左孩子存在，则 Lchild 指针域指向其左孩子结点，否则，令 Lchild 指向其直接前驱结点；若结点的右孩子存在，则 Rchild 指针域指向其右孩子结点，否则令 Rchild 指向其直接后继结点。为了避免混淆，增加两个标志域 Ltag 和 Rtag，当 Ltag = 0 时，Lchild 指向其左孩子结点；当 Ltag = 1 时，Lchild 指向其直接前驱结点；当 Rtag = 0 时，Rchild 指向其右孩子结点；当 Rtag = 1 时，Rchild 指向其直接后继结点。

增加了线索后所构成的二叉链表称为线索二叉链表，其结构如图6-8所示。把增加了线索的二叉树称为线索二叉树。将一棵二叉树以某种遍历方式变为线索二叉树的过程称为线索化。按不同的遍历方式建立的线索二叉树如图6-9所示。

二叉树的线索二叉链表存储结构的形式定义为：

Ltag	Lchild	data	Rchild	Rtag

图 6-8　线索二叉链表存储结构

```
typedef struct hbnode
{
    elemtype   data;
    int    Ltag,Rtag;                    //左、右标志域
    hbnode  *Lchild, *Rchild;            //左、右孩子指针
} hbtree;
```

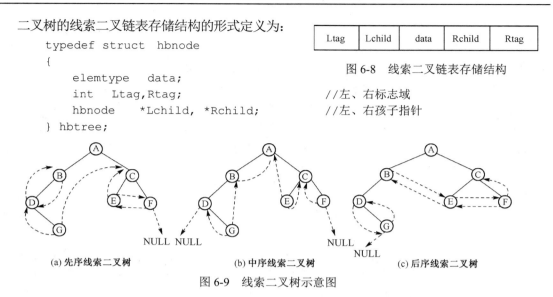

(a) 先序线索二叉树　　　　(b) 中序线索二叉树　　　　(c) 后序线索二叉树

图 6-9　线索二叉树示意图

对于先序线索二叉树和中序线索二叉树，可以不用栈来实现二叉树的遍历，而对于后序线索二叉树，在进行后序遍历时仍然需要栈。这是因为在先序线索二叉树和中序线索二叉树中，可以根据当前访问的结点沿着指针域找到其直接后继，而在后序线索二叉树中则不能。建立线索二叉树的过程是：在遍历一棵二叉树的同时，检查当前结点的左指针域或右指针域是否为空，如果为空，则将它们改为其直接前驱结点或直接后继结点的线索。

6.1.3　哈夫曼树及其应用

哈夫曼树又称为最优二叉树，是带权路径长度最小的树。从树中一个结点到另一个结点所经过的分支结点构成这两个结点之间的路径，路径上的分支数目称为路径长度。树的路径长度是指从树根到树中每个结点的路径长度之和。一个结点的带权路径长度是从结点到树根之间的路径长度与结点上权值的乘积。树的带权路径长度是树中所有叶子结点的带权路径长度之和，简记为 WPL，即

$$WPL = \sum_{i=1}^{n} w_i l_i$$

其中，n 为树中叶子结点的个数；w_i 为第 i 个叶子结点的权值；l_i 为第 i 个叶子结点的路径长度。在权值为 $w_1, w_2, \cdots, w_n$ 的 n 个叶子结点构成的所有二叉树中，带权路径长度最小的二叉树称为哈夫曼树。

构造哈夫曼树的步骤如下。

（1）由给定的 n 个权值 $\{w_1, w_2, \cdots, w_n\}$ 构成 n 棵二叉树的集合 $F = \{T_1, T_2, \cdots, T_n\}$，其中每棵二叉树 T_i 中只有一个带权为 w_i 的根结点。

（2）在 F 中选取两棵根结点权值最小的二叉树作为左、右子树构造一棵新的二叉树，且置新二叉树的根结点的权值为左、右子树上根结点的权值之和。从 F 中删除这两棵二叉树，同时将新得到的二叉树加入集合 F。

（3）重复（2），直到 F 中只含一棵二叉树为止，这棵树就是哈夫曼树。

哈夫曼树的应用很广泛，例如，可以用来改进判定算法，构造编码长度最短且译码时不产生二义性的编码等。具体编码方法是：

　　设有电文中的字符集 $C = \{c_1, c_2, \cdots, c_n\}$，这些字符在电文中出现的次数或频率 $W = \{w_1, w_2, \cdots, w_n\}$。以字符集 C 作为叶子结点，次数或频率集 W 为叶子结点的权值来构造哈夫曼树。同时规定哈夫曼树中的左分支代表 0，右分支代表 1，则从根结点到每个叶子结点所经历的路径分支上的 0 或者 1 所组成的字符串，即为该结点对应字符的编码，称为哈夫曼编码。如此得到的编码必为二进制前缀码。因为，在哈夫曼树中，每个字符结点都是叶子结点，它们不可能出现在根结点到其他字符结点的路径上，所以一个字符的哈夫曼编码不可能是另一个字符的哈夫曼编码的前缀，从而保证了译码的唯一性。

6.2　"二叉树基本操作程序"的设计与实现

（演示视频）

6.2.1　设计要求

1．问题描述

设计一个与二叉树基本操作相关的程序。

2．需求分析

（1）创建二叉树。按照用户需要构建二叉树。
（2）将创建的二叉树以树状形式输出。
（3）分别以先序、中序、后序 3 种遍历方式访问二叉树。
（4）输出二叉树的叶子结点及叶子结点的个数。
（5）输出二叉树的深度。

6.2.2　概要设计

为了实现以上功能，可以从 3 个方面着手设计。

1．主界面设计

为了实现二叉树相关操作功能的管理，设计一个含有多个菜单项的主菜单子程序，以链接系统的各项子功能，方便用户使用本程序。本系统主菜单运行界面如图6-10所示。

图 6-10　"二叉树基本操作程序"主菜单运行界面

2．存储结构设计

本程序采用二叉链表存储类型（BiTNode）存储二叉树的结点信息。二叉树的链表中的结点至少包含 3 个域：数据域（data）、左孩子指针域（Lchild）和右孩子指针域（Rchild）。

3．系统功能设计

本程序除完成二叉树的创建功能外还设置了 8 个子功能菜单。由于这 8 个子功能都是建立在二叉树的构造上的，所以二叉树的创建由主函数 main 实现。8 个子功能的设计描述如下：

（1）树状输出二叉树。树状输出二叉树由函数 TranslevelPrint 实现。当用户选择该功能时，系统以树状的形式输出用户创建的二叉树。

（2）先序遍历二叉树。由函数 PreOrder 实现。该功能按照先序遍历方式访问二叉树并输出先序序列。

（3）中序遍历二叉树。由函数 InOrder 实现。该功能按照中序遍历方式访问二叉树并输出中序序列。

（4）后序遍历二叉树。由函数 PostOrder 实现。该功能按照后序遍历方式访问二叉树并输出后序序列。

（5）输出叶子结点。该功能采用先序遍历二叉树的方法，依次输出叶子结点。由函数 PreOrderLeaf 实现。

（6）输出叶子结点个数。该功能计算并输出二叉树中叶子结点的个数，由 LeafCount 函数实现。采用递归算法计算二叉树中叶子结点的个数，算法思想是：当二叉树为空树时，叶子结点总数为 0；当二叉树只有一个结点时，叶子结点个数为 1；否则，叶子结点个数等于左、右子树叶子结点数之和。

（7）输出二叉树的深度。该功能输出二叉树结点所在层次的最大值。由函数 PostTreeDepth 实现，采用后序遍历的递归算法求二叉树的深度。

（8）退出。由 exit(0)函数实现。

6.2.3　模块设计

1．系统模块设计

本程序包含 3 个模块：主程序模块、建立二叉树模块和工作区选择模块。其调用关系如图6-11所示。

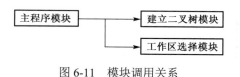

图 6-11　模块调用关系

2．系统子程序及功能设计

本系统共设置 11 个子程序，各子程序的函数名及功能说明如下。

```
（1）void CreateBiTree(BiTree *bt)        //建立二叉树
（2）void TranslevelPrint(BiTree bt)      //树状输出二叉树
（3）void Visit(char ch)                  //输出结点
（4）void PreOrder(BiTree root)           //先序遍历二叉树
（5）void InOrder(BiTree root)            //中序遍历二叉树
（6）void PostOrder(BiTree root)          //后序遍历二叉树
（7）void PreOrderLeaf(BiTree root)       //输出叶子结点
（8）int LeafCount(BiTree root)           //输出叶子结点个数
（9）int PostTreeDepth(BiTree root)       //输出二叉树的深度
（10）void mainwork( )                    //主要工作函数，创建操作区用户界面
（11）void main( )                        //主函数，创建二叉树，调用工作区模块函数
```

3. 函数主要调用关系图

本系统 11 个子程序之间的主要调用关系如图 6-12 所示。图中数字是各函数的编号。

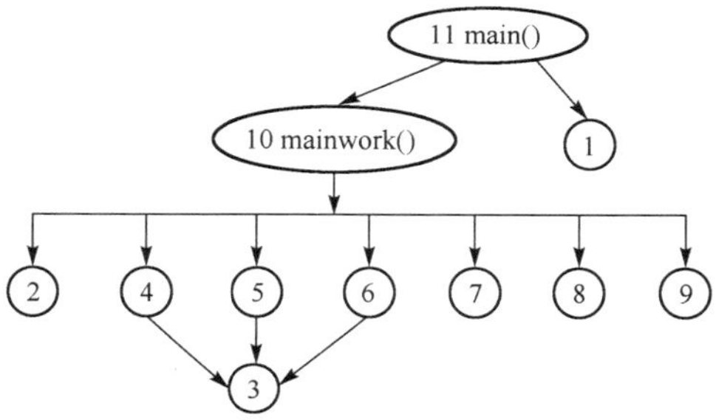

6.2.4 详细设计

1. 数据类型定义

```
typedef struct BiTNode
{    //定义二叉树结点结构
    char  data;                          //数据域
    struct BiTNode  *LChild,*RChild;    //左、右孩子指针域
}BiTNode,*BiTree;
```

图 6-12 系统函数主要调用关系图

2. 系统主要子程序详细设计

（1）主函数模块设计。

主函数，创建二叉树，调用工作区模块函数。

```
void main( )
{
    printf("首先请输入二叉树的结点序列：\n");
    CreateBiTree(&T);
    printf("请按菜单提示操作：\n");
    mainwork( );
}
```

（2）建立二叉树模块。

该模块是实现工作区模块的基础，工作区模块实现的 8 个子功能菜单都建立在此模块上。

```
void CreateBiTree(BiTree *bt)
{                                        //按照先序序列建立二叉树的二叉链表
    char ch;
    scanf("%c",&ch);
    if(ch=='#')  *bt=NULL;
    else
    {
        *bt=(BiTree)malloc(sizeof(BiTNode));     //生成一个新结点
        (*bt)->data=ch;
        CreateBiTree(&((*bt)->LChild));          //生成左子树
        CreateBiTree(&((*bt)->RChild));          //生成右子树
    }
}
```

（3）用户工作区模块设计。

主要工作函数，创建操作区用户界面设计。

```
void mainwork( )
{
    int yourchoice;
```

```
        printf("\n----------------欢迎使用二叉树基本操作程序------------\n");
        printf("\n                    菜 单 选 择                    \n\n");
        printf("      1．树状输出二叉树        2．先序遍历二叉树      \n");
        printf("      3．中序遍历二叉树        4．后序遍历二叉树      \n");
        printf("      5．输出叶子结点          6．输出叶子结点个数    \n");
        printf("      7．输出二叉树的深度      8．退出               \n");
        printf("\n----------------------------------------------------\n");
        printf("请输入您的选择：");
        scanf("%d",&yourchoice);
        while(!(yourchoice==1||yourchoice==2||yourchoice==3||yourchoice==4
          ||yourchoice==5||yourchoice==6||yourchoice==7||yourchoice==8))
        {
            printf("输入选择不明确，请重输\n");
            scanf("%d",&yourchoice);
        }
        while(1)
        { switch(yourchoice)
            {   case 1:  printf("树的形状为:\n");TranslevelPrint(T); getch(); break;
                case 2: printf("先序遍历序列为:"); PreOrder(T); break;
                case 3: printf("\n中序遍历序列为:"); InOrder(T); break;
                case 4: printf("\n后序遍历序列为:"); PostOrder(T); break;
                case 5: printf("叶子结点为:"); PreOrderLeaf(T); break;
                case 6: printf("叶子结点个数为:%d",LeafCount(T)); break;
                case 7: printf("二叉树的深度为:%d",PostTreeDepth(T)); break;
                case 8: system("cls");exit(0); break;
                default: break;
            }
            printf("\n--------------欢迎使用二叉树基本操作程序-------------\n");
            printf("\n                    菜 单 选 择                    \n\n");
            printf("      1．树状输出二叉树        2．先序遍历二叉树      \n");
            printf("      3．中序遍历二叉树        4．后序遍历二叉树      \n");
            printf("      5．输出叶子结点          6．输出叶子结点个数    \n");
            printf("      7．输出二叉树的深度      8．退出               \n");
            printf("\n----------------------------------------------------\n");
            printf("\n请输入您的选择：");
            scanf("%d",&yourchoice);
    } //endwhile(1)
} //endmainwork
```

（4）树状输出二叉树。

```
    void TranslevelPrint(BiTree bt)
    { //本算法实现二叉树的按层打印
        struct node
        {
            BiTree vec[MAXLEN];                    //存放树结点
            int layer[MAXLEN];                     //结点所在的层
            int locate[MAXLEN];                    //打印结点的位置
            int front,rear;
```

```
}q;                                         //定义队列 q
int  i,  j = 1,  k= 0,  nLocate;
q.front = 0;  q.rear = 0;                    //初始化队列 q 的队头、队尾
printf(" ");
q.vec[q.rear] = bt;                          //将二叉树根结点入队
q.layer[q.rear] = 1;
q.locate[q.rear] = 20;
q.rear = q.rear + 1;
while(q.front < q.rear)
{
    bt = q.vec[q.front];
    i = q.layer[q.front];
    nLocate = q.locate[q.front];
    if(j < i)                                //进层打印时换行
    {
        printf("\n");  printf("\n");
        j = j + 1;   k = 0;
        while(k < nLocate)
        {
            printf(" ");  k++;
        }
    }
    while(k < (nLocate-1))                    //利用结点深度控制横向位置
    {
        printf(" ");   k++;
    }
    printf("%c",bt->data);
    q.front = q.front + 1;
    if(bt->LChild != NULL)                    //存在左子树,将左子树根结点入队
    {
        q.vec[q.rear] = bt->LChild;
        q.layer[q.rear] = i + 1;
        q.locate[q.rear] =(int)(nLocate - pow(2, NLAYER-i-1));
        q.rear = q.rear +1;
    }
    if(bt->RChild != NULL)                    //存在右子树,将右子树根结点入队
    {
        q.vec[q.rear] = bt->RChild;
        q.layer[q.rear] = i + 1;
        q.locate[q.rear] =(int)(nLocate + pow(2, NLAYER-i-1));
        q.rear = q.rear +1;
    }
}
}
```

6.2.5　测试分析

根据先建立根结点,然后按照从上到下、从左到右的次序依次先根遍历根的每棵子树的方法,依次输入拟建二叉树的结点序列(#表示该结点为空)。例如,输入"ABD##E##CH###",程序运行后,建立该二叉树并得到如图6-10所示的主菜单运行界面。

各子功能测试运行结果如下。

1. 树状输出二叉树

在主菜单下,用户输入1并按回车键,运行结果如图6-13所示。

2. 先序遍历二叉树

在主菜单下,用户输入2并按回车键,运行结果如图6-14所示。

图 6-13　树状输出二叉树

先序遍历序列为:A B D E C H

图 6-14　先序遍历二叉树

3. 中序遍历二叉树

在主菜单下,用户输入3并按回车键,运行结果如图6-15所示。

4. 后序遍历二叉树

在主菜单下,用户输入4并按回车键,运行结果如图6-16所示。

中序遍历序列为:D B E A H C

图 6-15　中序遍历二叉树

后序遍历序列为:D E B H C A

图 6-16　后序遍历二叉树

5. 输出叶子结点

在主菜单下,用户输入5并按回车键,运行结果如图6-17所示。

6. 输出叶子结点个数

在主菜单下,用户输入6并按回车键,运行结果如图6-18所示。

7. 输出二叉树的深度

在主菜单下,用户输入7并按回车键,运行结果如图6-19所示。

叶子结点为:D E H

图 6-17　输出叶子结点

叶子结点个数为:3

图 6-18　输出叶子结点个数

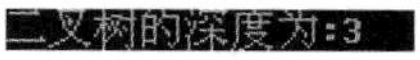

二叉树的深度为:3

图 6-19　输出二叉树的深度

8. 退出

在主菜单下,用户输入8并按回车键,退出"二叉树基本操作程序"。

6.2.6　源程序清单

```
#include <conio.h>
#include <stdio.h>
#include <stdlib.h>
#include <math.h>
```

```
#define MAXLEN 100
#define NLAYER  4
typedef struct BiTNode                      //定义二叉树结点结构
{
    char data;                              //数据域
    struct BiTNode *LChild,*RChild;         //左、右孩子指针域
}BiTNode,*BiTree;
BiTree T;
//1．建立二叉树
void CreateBiTree(BiTree *bt)               //源代码参见：6.2.4 详细设计 2.(2)
//2．树状输出二叉树
void TranslevelPrint(BiTree bt)            //源代码参见：6.2.4 详细设计 2.(4)
//3．输出结点
void Visit(char ch)
{
    printf("%c  ",ch);
}
//4．先序遍历二叉树
void  PreOrder(BiTree root)
{//先序遍历二叉树，root 为指向二叉树(或某一子树)根结点的指针
    if (root!=NULL)
    {
        Visit(root->data);                 //访问根结点
        PreOrder(root->LChild);            //先序遍历左子树
        PreOrder(root->RChild);            //先序遍历右子树
    }
}

//5．中序遍历二叉树
void  InOrder(BiTree root)
{//中序遍历二叉树，root 为指向二叉树(或某一子树)根结点的指针
    if (root!=NULL)
    {
        InOrder(root->LChild);             //中序遍历左子树
        Visit(root->data);                 //访问根结点
        InOrder(root->RChild);             //中序遍历右子树
    }
}
//6．后序遍历二叉树
void  PostOrder(BiTree root)
{//后序遍历二叉树，root 为指向二叉树(或某一子树)根结点的指针
    if(root!=NULL)
    {   PostOrder(root->LChild);           //后序遍历左子树
        PostOrder(root->RChild);           //后序遍历右子树
        Visit(root->data);                 //访问根结点
    }
}
```

```
//7．输出叶子结点
void PreOrderLeaf(BiTree root)
{//先序遍历二叉树并输出叶子结点，root 为指向二叉树根结点的指针
    if (root!=NULL)
    {   if (root->LChild==NULL && root->RChild==NULL)
        printf("%c  ",root->data);  //输出叶子结点
        PreOrderLeaf(root->LChild); //先序遍历左子树
        PreOrderLeaf(root->RChild); //先序遍历右子树
    }
}
//8．输出叶子结点个数
int LeafCount(BiTree root)
{
    int LeafNum;
    if(root==NULL)      LeafNum=0;
    else if((root->LChild==NULL)&&(root->RChild==NULL))  LeafNum=1;
    else LeafNum=LeafCount(root->LChild)+LeafCount(root->RChild);
  //叶子数为左、右子树叶子数目之和
    return LeafNum;
}
//9．输出二叉树的深度
int PostTreeDepth(BiTree root)
{//后序遍历求二叉树的深度递归算法
    int hl, hr, max;
    if(root!=NULL)
    {
        hl=PostTreeDepth(root->LChild);       //求左子树的深度
        hr=PostTreeDepth(root->RChild);       //求右子树的深度
        max=hl>hr?hl:hr;                      //得到左、右子树深度较大者
        return(max+1);                        //返回树的深度
    }
    else return(0);                           //如果是空树，则返回 0
}
//10．主要工作函数，创建操作区用户界面
void mainwork()                               //源代码参见：6.2.4 详细设计 2.(3)
//11．主函数，创建二叉树，调用工作区模块函数
void main()                                   //源代码参见：6.2.4 详细设计 2.(1)
```

6.2.7　用户手册

（1）本程序执行文件为"二叉树基本操作程序.exe"。

（2）进入本程序之后，首先按照提示输入二叉树的结点序列，如按下列次序顺序读入字符 ABD##E##CH###。

（3）随即系统建立该二叉树并显示系统主菜单运行界面，用户可在该界面下输入各子菜单前对应的数字并按回车键，执行相应子菜单命令。

（演示视频）

6.3 "哈夫曼树"的设计与实现

6.3.1 设计要求

1. 问题描述

设有一段电文由字符集{A, B, C, D, E, F, G, H}中的字符组成, 各字符在电文中出现的频率由对应次数集{5, 29, 7, 8, 14, 23, 3, 11}中的数字表示, 试设计各字符的哈夫曼编码。

2. 需求分析

（1）设计哈夫曼树。具体构造方法如下: 以字符集{A, B, C, D, E, F, G, H}中的字符作为叶子结点, 以各字符在次数集{5, 29, 7, 8, 14, 23, 3, 11}中对应的次数作为各叶子结点的权值构造一棵哈夫曼树。

（2）设计哈夫曼编码。按照构造出来的哈夫曼树, 规定哈夫曼树的左分支为 0, 右分支为 1, 则从根结点到每个叶子结点所经过的分支对应的 0 和 1 组成的序列便为该结点对应字符的哈夫曼编码。

6.3.2 概要设计

为了实现以上功能, 可以从 3 个方面着手设计。

1. 主程序设计

为了实现哈夫曼编码, 首先设计一个主程序以便调用各项子功能, 在主程序中输入字符的个数及对应的权值。

2. 存储结构设计

对于哈夫曼编码问题, 希望在构造哈夫曼树的同时能方便地实现从双亲结点到左、右孩子结点的操作, 在进行哈夫曼编码时又要求能方便地实现从孩子结点到双亲结点的操作。因此, 本程序选择树的双亲表示法作为哈夫曼树的存储结构, 并加入了指示结点权值的信息。

3. 系统功能设计

本程序完成了从哈夫曼树的构造到实现并输出哈夫曼编码的过程, 分别由两个子程序完成, 其设计如下。

（1）选择权值最小的两个结点。选择权值最小的两个结点由函数 Select 实现。该功能按照哈夫曼树的构造步骤, 在当前已构成的 n（$n \geqslant 2$）棵二叉树的集合中选取两棵根结点权值最小的树作为左、右子树构造一棵新的二叉树。

（2）哈夫曼编码。哈夫曼编码由函数 HuffmanCoding 实现。该功能首先调用函数 Select 实现哈夫曼树的构造, 然后从叶子到根逆向根据哈夫曼编码的要求, 依次求出每个字符的哈夫曼编码。

6.3.3 模块设计

1. 系统模块设计

本程序包含 3 个模块: 主程序模块、哈夫曼编码模块和选择模块。其调用关系如图 6-20 所示。

$$\boxed{\text{主程序模块}} \longrightarrow \boxed{\text{哈夫曼编码模块}} \longrightarrow \boxed{\text{选择模块}}$$

图 6-20　模块调用关系

2．系统子程序及功能设计

本程序共设置 3 个子程序，各子程序的函数名及功能说明如下。

（1）void Select(HuffmanTree &HT, int　m, int *s1, int *s2)
　　　//选择权值最小的两个结点
（2）void HuffmanCoding(HuffmanTree &HT, HuffmanCode &HC, int *w,int n)
　　　//构造哈夫曼编码模块
（3）void main( )　　　　　　　　　//主函数，输入结点个数及权值，调用构造哈夫曼编码模块函数

3．函数主要调用关系图

本程序 3 个子程序之间的主要调用关系如图6-21所示。
图中数字是各函数的编号。

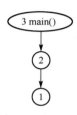

6.3.4　详细设计

1．数据类型定义

```
typedef struct
{
    unsigned int weight;              //用来存放各个结点的权值
    unsigned int parent, lchild, rchild;   //指向双亲、孩子结点的指针
}HTNode, *HuffmanTree;               //动态分配数组存储哈夫曼树
typedef char **HuffmanCode;          //动态分配数组存储哈夫曼编码表
```

图 6-21　系统函数主要调用关系图

2．构造哈夫曼编码模块

哈夫曼编码模块设计分两步：首先构造哈夫曼树，然后完成哈夫曼编码。

```
void HuffmanCoding(HuffmanTree *HT, HuffmanCode *HC, int *w,int n)
{ //w存放n个字符的权值(均>0)，构造哈夫曼树HT并求出n个字符的哈夫曼编码HC
    int i, j, m, s1, s2, start;
    char *cd;
    unsigned int c, f;
    if (n<=1)  return;
    m=2*n-1;
    *HT=(HuffmanTree)malloc((m+1)*sizeof(HTNode)); // 0 号单元未用
    for(i=1; i<=n; i++)                //叶子结点初始化并放入1-n号单元
    {
        (*HT)[i].weight=w[i];
        (*HT)[i].parent=0;
        (*HT)[i].lchild=0;
        (*HT)[i].rchild=0;
    }
    for(i=n+1; i<=m; i++)             //非叶子结点初始化
    {
        (*HT)[i].weight=0;
        (*HT)[i].parent=0;
```

```
            (*HT)[i].lchild=0;
            (*HT)[i].rchild=0;
    }
    printf("\n 哈夫曼树的构造过程如下所示：\n");
    printf("HT 初态:\n 结点  weight  parent  lchild  rchild");
    for(i=1; i<=m; i++)                    //完成构造哈夫曼树算法的第 1 步
        printf("\n%4d%8d%8d%8d%8d",i, (*HT)[i].weight, (*HT)[i].parent,
                    (*HT)[i].lchild, (*HT)[i].rchild);
    printf("    按任意键，继续 ...");
    getch( );
    //构建哈夫曼树 HT
    for(i=n+1; i<=m; i++)
    {
        Select(HT, i-1, &s1, &s2);
                    //在 HT[1···i-1]中选择 parent 为 0 且 weight 最小的两个结点
        (*HT)[s1].parent=i;  (*HT)[s2].parent=i;
        (*HT)[i].lchild=s1;  (*HT)[i].rchild=s2;
                    //将选取根结点权值最小的树作为左、右子树
        (*HT)[i].weight=(*HT)[s1].weight +(*HT)[s2].weight;
                    //置新二叉树的根结点权值为其左、右子树上根结点之和
        printf("\nselect: s1=%d   s2=%d\n", s1, s2);
                    //根结点权值最小的树在 HT 中的位置
        printf(" 结点  weight  parent  lchild  rchild");
        for(j=1; j<=i; j++)     //输出选取根结点权值最小的树的过程
            printf("\n%4d%8d%8d%8d%8d",j,(*HT)[j].weight,(*HT)[j].parent,
                    (*HT)[j].lchild, (*HT)[j].rchild);
        printf("    按任意键，继续 ...");
        getch( );
    }
    printf("\n%d 个字符的哈夫曼编码如下：\n",n);
    //从叶子到根逆向求每个字符的哈夫曼编码
    *HC=(HuffmanCode)malloc((n+1)*sizeof(char*));   //分配 n 个编码的头指针
    cd=(char*)malloc(n*sizeof(char));               //分配求编码的工作空间
    cd[n-1]='\0';                                   //编码结束符
    for(i=1; i<=n; ++i)                             //逐个字符求哈夫曼编码
    {
        start=n-1;                                 //编码结束符位置
        for(c=i, f=(*HT)[i].parent; f!=0; c=f, f=(*HT)[f].parent)
            if ((*HT)[f].lchild==c) cd[--start] = '0'; //从叶子到根逆向求编码
            else cd[--start] = '1';
        (*HC)[i]=(char *)malloc((n-start)*sizeof(char));
                                                   //为第 i 个字符编码分配空间
        strcpy((*HC)[i], &cd[start]);              //从 cd 复制编码(串)到 HC
    }
    free(cd);                                      //释放工作空间
    for(i=1;i<=n;i++)
        printf("<%2d>编码:%s\n",(*HT)[i].weight,(*HC)[i]);
} //HuffmanCoding
```

6.3.5　测试分析

根据设计要求中的问题描述分别输入字符的个数和对应的权值，程序运行得到如图 6-22 所示的主菜单运行界面。

```
请输入需要哈夫曼编码的字符个数:8
请输入第 1 字符的权值:5
请输入第 2 字符的权值:29
请输入第 3 字符的权值:7
请输入第 4 字符的权值:8
请输入第 5 字符的权值:14
请输入第 6 字符的权值:23
请输入第 7 字符的权值:3
请输入第 8 字符的权值:11
```

图 6-22　主菜单运行界面

构造哈夫曼树的过程如图6-23所示。

```
哈夫曼树的构造过程如下所示:
HT初态:
结点    weight    parent    lchild    rchild
  1       5         0         0         0
  2       29        0         0         0
  3       7         0         0         0
  4       8         0         0         0
  5       14        0         0         0
  6       23        0         0         0
  7       3         0         0         0
  8       11        0         0         0
  9       0         0         0         0
 10       0         0         0         0
 11       0         0         0         0
 12       0         0         0         0
 13       0         0         0         0
 14       0         0         0         0
 15       0         0         0         0        按任意键，继续 …
```

```
select: s1=7    s2=1
结点    weight    parent    lchild    rchild
  1       5         9         0         0
  2       29        0         0         0
  3       7         0         0         0
  4       8         0         0         0
  5       14        0         0         0
  6       23        0         0         0
  7       3         9         0         0
  8       11        0         0         0
  9       8         0         7         1        按任意键，继续 …
```

```
select: s1=3    s2=4
结点    weight    parent    lchild    rchild
  1       5         9         0         0
  2       29        0         0         0
  3       7        10         0         0
  4       8        10         0         0
  5       14        0         0         0
  6       23        0         0         0
  7       3         9         0         0
  8       11        0         0         0
  9       8         0         7         1
 10       15        0         3         4        按任意键，继续 …
```

```
select: s1=9    s2=8
结点    weight    parent    lchild    rchild
  1       5         9         0         0
  2       29        0         0         0
  3       7        10         0         0
  4       8        10         0         0
  5       14        0         0         0
  6       23        0         0         0
  7       3         9         0         0
  8       11       11         0         0
  9       8        11         7         1
 10       15        0         3         4
 11       19        0         9         8        按任意键，继续 …
```

图 6-23　哈夫曼树构造过程

```
select: s1=5  s2=10
结点   weight  parent  lchild  rchild
 1        5       9       0       0
 2       29       0       0       0
 3        7      10       0       0
 4        8      10       0       0
 5       14      12       0       0
 6       23       0       0       0
 7        3       9       0       0
 8       11      11       0       0
 9        8      11       7       1
10       15      12       3       4
11       19       0       9       8
12       29       0       5      10    按任意键, 继续 ...
```

```
select: s1=11  s2=6
结点   weight  parent  lchild  rchild
 1        5       9       0       0
 2       29       0       0       0
 3        7      10       0       0
 4        8      10       0       0
 5       14      12       0       0
 6       23      13       0       0
 7        3       9       0       0
 8       11      11       0       0
 9        8      11       7       1
10       15      12       3       4
11       19      13       9       8
12       29       0       5      10
13       42       0      11       6    按任意键, 继续 ...
```

```
select: s1=2  s2=12
结点   weight  parent  lchild  rchild
 1        5       9       0       0
 2       29      14       0       0
 3        7      10       0       0
 4        8      10       0       0
 5       14      12       0       0
 6       23      13       0       0
 7        3       9       0       0
 8       11      11       0       0
 9        8      11       7       1
10       15      12       3       4
11       19      13       9       8
12       29      14       5      10
13       42       0      11       6
14       58       0       2      12    按任意键, 继续 ...
```

```
select: s1=13  s2=14
结点   weight  parent  lchild  rchild
 1        5       9       0       0
 2       29      14       0       0
 3        7      10       0       0
 4        8      10       0       0
 5       14      12       0       0
 6       23      13       0       0
 7        3       9       0       0
 8       11      11       0       0
 9        8      11       7       1
10       15      12       3       4
11       19      13       9       8
12       29      14       5      10
13       42      15      11       6
14       58      15       2      12
15      100       0      13      14    按任意键, 继续 ...
```

图 6-23　哈夫曼树构造过程（续）

构造哈夫曼编码如图6-24所示。

6.3.6　源程序清单

```
#include <stdio.h>
#include <malloc.h>
#include <string.h>
#include <conio.h>
```

图 6-24　构造哈夫曼编码

```
typedef struct
{
    unsigned int weight;                    //用来存放各个结点的权值
    unsigned int parent,lchild,rchild;      //指向双亲、孩子结点的指针
}HTNode, *HuffmanTree;                        //动态分配数组存储哈夫曼树
typedef char **HuffmanCode;                   //动态分配数组存储哈夫曼编码表
//1. 选择权值最小的两个结点
void  Select(HuffmanTree *HT, int m, int *s1, int *s2)
{
    int i ,min;
    for(i=1; i<=m; i++)
    {  //在(*HT)[1..i-1]中选择 parent 为 0 且 weight 最小的两个结点
        if((*HT)[i].parent==0)
        {
            min=i;  i=m+1;
        }
    }
    for(i=1; i<=m; i++)
    {  //parent 为 0 且 weight 最小的两个结点，第一个序号为 s1
        if((*HT)[i].parent==0)
        {
            if((*HT)[i].weight < (*HT)[min].weight)
            min=i;
        }
    }
    *s1=min;
    for(i=1; i<=m; i++)
    {  //在(*HT)[1..i-1]中选择 parent 为 0 且 weight 最小的两个结点
        if((*HT)[i].parent==0 && i!=(*s1))
        {
            min=i;  i=m+1;
        }
    }
    for(i=1; i<=m; i++)
    {  //parent 为 0 且 weight 最小的两个结点，第二个序号为 s2
        if((*HT)[i].parent==0 && i!=(*s1))
        {
            if((*HT)[i].weight <(*HT)[min].weight)
            min=i;
        }
    }
    *s2 = min;
}
//2.构造哈夫曼编码模块
void HuffmanCoding(HuffmanTree *HT, HuffmanCode *HC, int *w,int n)
                                        //源代码参见：6.3.4 详细设计 2
//3.主函数，输入结点个数及权值，调用构造哈夫曼编码模块函数
```

```
void   main( )
{
    HuffmanTree   HTree;
    HuffmanCode   HCode;
    int *w, i;
    int n, wei;                                  //编码个数及权值
    printf("请输入需要哈夫曼编码的字符个数:" );
    scanf("%d",&n);
    w=(int*)malloc((n+1)*sizeof(int));
    for(i=1; i<=n; i++)
    {
        printf("请输入第 %d 字符的权值:",i);
        fflush(stdin);
        scanf("%d",&wei);
        w[i]=wei;
    }
    HuffmanCoding(&HTree,&HCode,w,n);
}//endmain
```

6.3.7　用户手册

（1）本程序执行文件为"哈夫曼树.exe"。

（2）进入本程序之后，分别输入哈夫曼编码字符的个数及对应的权值，系统随即显示哈夫曼树的构造过程及对应权值的哈夫曼编码。

6.4　课程设计题选

6.4.1　求二叉树上结点的路径

【问题描述】

建立一棵二叉树，编程实现求从根结点到给定结点之间的路径。

【基本要求】

建立一棵以二叉链表形式存储的二叉树，以 bt 指向根结点、p 指向任意一个给定的结点，编程实现"以字符形式输出从根结点到给定结点之间的路径"。

【测试数据】

自行建立一棵以序列{ A,B,C,D,E,F,G,H,I,J }中的英文字母为结点的任意一棵二叉树。

【实现提示】

（1）以某种遍历方式建立二叉树的二叉链表存储结构；

（2）以非递归的后序方式遍历二叉树 bt，并将访问过的结点依次存储到一个顺序栈 S 中；

（3）当后序遍历访问到结点*p 时，此时栈 S 中存放的所有结点均为给定结点*p 的祖先，由这些祖先便构成了一条从根结点 bt 到结点*p 之间的路径。

【选做内容】

（1）求从根结点到给定结点之间路径的长度。

（2）试以两种不同的遍历方式建立二叉树的链式存储结构。

6.4.2　层次遍历二叉树

【问题描述】

层次遍历是指从二叉树的第 1 层（根结点所在层）开始，从上至下逐层遍历的过程。在同一层中，则按照从左至右的顺序对结点逐一访问，以此类推，直到二叉树中所有结点均被访问且仅访问一次。自行建立一棵二叉树，实现对该二叉树的层次遍历。

【基本要求】

（1）建立一棵不低于 3 层且结点数 >=10 的二叉树，分别以先序、中序、后序方式遍历该二叉树并输出遍历序列；

（2）按层次遍历该二叉树并输出遍历序列。

【实现提示】

（1）实现层次遍历，需要设置一个队列 q 临时存放某层已访问过的结点，同时也保存了该层结点访问的先后次序；

（2）按照对该层结点访问的先后次序，实现对其下层孩子结点的按次序访问。

【选做内容】

（1）按层次遍历求二叉树的结点总数及叶子结点总数；

（2）试计算该二叉树的最大宽度。一棵二叉树的最大宽度定义为：该二叉树所有层中结点个数最多的层的结点数。

6.4.3　表达式类型的实现

【问题描述】

一个表达式和一棵二叉树之间存在着自然的对应关系。编写一个程序，实现基于二叉树表示的算术表达式 Expression 的操作。

【基本要求】

假设算术表达式 Expression 内可以含有变量（a～z）、常量（0～9）和二元运算符（+、−、*、/、^）。试编程实现以下操作：

（1）ReadExpr(E) —— 以字符序列的形式输入语法正确的前缀表达式并构造表达式 E；

（2）WriteExpr(E) —— 用带括号的中缀表达式输出表达式 E；

（3）Assign(V, c) —— 实现对变量 V 的赋值（V = c），变量 V 的初值为 0；

（4）Value(E) —— 对算术表达式 E 求值；

（5）CompoundExpr(P, E1, E2) —— 构造一个新的复合表达式(E1)P(E2)。

【测试数据】

（1）分别输入 0、a、−91、+a*bc、+*15^x2*8x、+++*3^x3*2^x2x6 进行测试并输出；

（2）每当输入一个表达式后，先对其中的变量赋值，然后对表达式求值。

【实现提示】

（1）在读入表达式字符序列的同时，完成运算符和运算数（整数）的识别处理以及相应的运算；

（2）在识别出运算数的同时，要将其字符形式转换成整数形式；

（3）用后根遍历的次序对表达式求值；

（4）用中缀表示输出表达式 E 时，适当添加括号，以正确反映运算的优先次序。

【选做内容】

（1）增加求偏导数运算 Diff(E, V) —— 求表达式 E 对变量 V 的导数；

（2）在表达式中添加三角函数等初等函数的操作；

（3）增加常数合并操作 MergeConst(E) —— 合并表达式 E 中所有常数运算。例如，在对表达式 E = (2 + 3 − a)*(b + 3 * 4)进行合并常数的操作后，求得 E = (5 − a)*(b + 12)。

6.4.4　打印树形结构

【问题描述】

按凹入表形式打印树形结构，如图6-25所示。

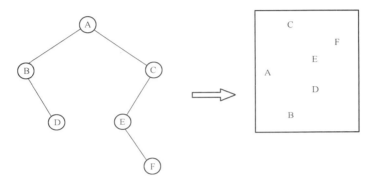

图 6-25　按凹入表形式打印树形结构

【测试数据】

由学生自己确定。注意测试边界数据，如空树。

【实现提示】

（1）利用树的先根遍历方法遍历树；

（2）利用结点的深度控制横向位置。

第 7 章　图结构及其应用

图是应用极为广泛的数据结构，它的特点在于其元素之间的关系可以是任意的。在人工智能、工程、数学、物理、化学、计算机等领域中，图结构有着广泛的应用。本章课程设计继续突出了数据结构加操作的程序设计观点，通过一个设计实例，学生可熟悉图的存储特性，以及如何应用图结构解决具体问题等。

7.1　本章知识要点

图结构是一种比树形结构更为复杂的非线性结构。在图结构中，任意两个结点之间都可能关联，即结点之间的邻接关系可以是任意的。因此，图结构常被用于描述各种复杂的数据对象。

7.1.1　图的存储结构

从图的定义可知，一个图的信息包括两部分：图中顶点的信息以及描述顶点之间关系（无向边或有向边）的信息。因此无论采用什么方法建立图的存储结构，都要完整、准确地反映这两方面的信息。常用的图的存储结构有图的邻接矩阵和邻接表两种方式。

1．邻接矩阵

图的邻接矩阵存储结构用一个一维数组存储图中顶点的信息，用一个二维数组（矩阵）表示图中各顶点之间的邻接关系。用邻接矩阵表示无向图 G_1、有向图 G_2、无向网 G_3 的邻接关系分别如图 7-1、图 7-2、图 7-3 所示。

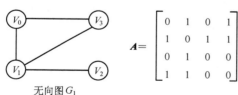

$$A = \begin{bmatrix} 0 & 1 & 0 & 1 \\ 1 & 0 & 1 & 1 \\ 0 & 1 & 0 & 0 \\ 1 & 1 & 0 & 0 \end{bmatrix}$$

无向图 G_1

图 7-1　无向图 G_1 及其邻接矩阵表示

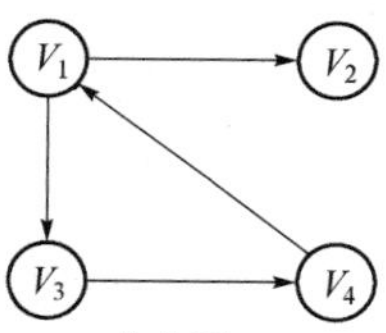

$$A = \begin{bmatrix} 0 & 1 & 1 & 0 \\ 0 & 0 & 0 & 0 \\ 0 & 0 & 0 & 1 \\ 1 & 0 & 0 & 0 \end{bmatrix}$$

有向图 G_2

图 7-2　有向图 G_2 及其邻接矩阵表示

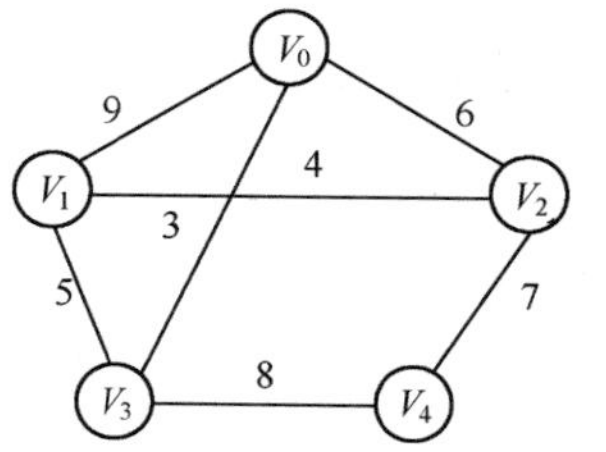

$$A = \begin{bmatrix} \infty & 9 & 6 & 3 & \infty \\ 9 & \infty & 4 & 5 & \infty \\ 6 & 4 & \infty & \infty & 7 \\ 3 & 5 & \infty & \infty & 8 \\ \infty & \infty & 7 & 8 & \infty \end{bmatrix}$$

无向网 G_3

图 7-3　无向网 G_3 及其邻接矩阵表示

2．邻接表

邻接表是图的一种顺序存储与链式存储相结合的存储方法，该方法类似于树的孩子表示法。对于图 G 中的每个顶点，将所有邻接于 v_i 的顶点 v_j 链成一个单链表（对于有向图，是由 v_i 指向的所有邻接顶点 v_j 构成的单链表，逆邻接表则反之），这个单链表称为顶点 v_i 的邻接表。再将所有顶点的邻接表表头结点放到一个数组中，就构成了图的邻接表。在邻接表表示中有两种结点结构，如图 7-4 所示。

对于网的表结点，需再增设一个存储边上信息（如权值等）的域（info），网的表结点结构如图 7-5 所示。图 7-6 是无向图 G_1 对应的邻接表表示。

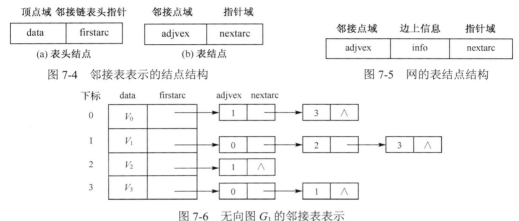

图 7-4　邻接表表示的结点结构　　　　　图 7-5　网的表结点结构

图 7-6　无向图 G_1 的邻接表表示

7.1.2　图应用的相关算法

最短路径问题是图的一个比较典型的应用问题，一般在有向网上讨论。例如，在某一地区有一个公路网，如果将城市用图中的点来表示，城市间的公路用图中的边表示，公路的长度作为图中边上的权值，那么在这个公路网中，从一个城市出发，能否沿公路到达另外一个城市？在有多条路径的情况下，哪一条路径的总里程最短？这都是一个求最短路径问题。

在图结构中，两顶点之间最短路径上的第 1 个顶点称为源点，最后一个顶点称为终点。常见的最短路径问题有求单源点的最短路径（其含义是：给定带权有向图 $G = (V, E)$ 和源点 $v \in V$，求从顶点 v 到 G 中其余各顶点的最短路径）和求每对顶点之间的最短路径。常用的算法有迪杰斯特拉（Dijkstra）算法和弗洛伊德（Floyd）算法。

1．求从某个单源点到其余各顶点的最短路径（Dijkstra 算法）

其基本思想是：按路径长度递增的次序产生最短路径。首先，把图中所有顶点分成两组，第 1 组包括已确定最短路径的顶点，初始时只含有一个源点 v_0，记为集合 S；第 2 组包括尚未确定最短路径的顶点，记为集合 $V–S$。然后，按最短路径长度递增的顺序逐个把 $V–S$ 中的顶点加入 S，直至从 v_0 出发可以到达的所有顶点都包括到 S 中为止。

在这个过程中，总保持从 v_0 到集合 S 中各顶点的最短路径长度，都不大于从 v_0 到集合 $V–S$ 的任何顶点的最短路径长度，$V–S$ 中的顶点对应的距离值是从 v_0 到此顶点的只包括集合 S 中的顶点为中间顶点的最短路径长度。对于 S 中任意一点 v_j，从 v_0 到 v_j 的路径长度皆小于 v_0 到 $V–S$ 中任意一点的路径长度。

为实现该算法需设置一个用于保存距离的数组 $d[\ ]$，并用元素 $d[i]$ 保存源点 v_0 途经集合 S 中的顶点到达 $V\text{-}S$ 中顶点 v_i 的距离或 v_0 直接到达 v_i 的距离；另外需设置一个二维数组 $p[\ ][\ ]$，用于存放两顶点间是否有通路标志。若 $p[v][w]=1$，则 w 是从 v_0 到 v 的最短路径上的顶点。设有向网 D 的存储结构用邻接矩阵表示，则算法的具体步骤描述如下。

（1）初始化。

包括对集合 S 的初始化和对距离数组 $d[\ ]$ 的初始化。初始状态时，S 中只包含顶点 v_0，即 $S=\{v_0\}$；而 $V\text{-}S$ 中任意一个顶点 v_i 对应的距离值 $d[i]$，等于邻接矩阵中顶点 v_0 到 v_i 的有向边上的权值（当不存在有向边 $<v_0, v_i>$ 时，权值为 ∞。∞ 可设置为机器可表示的最大正数，例如，32767）。

（2）选择 v_j 并调整距离数组 $d[\ ]$ 的值。

从集合 $V\text{-}S$ 的顶点中选取距离值最小的一个顶点 v_j 加入 S，然后对 $V\text{-}S$ 中所有顶点的距离值进行调整。调整的方法是：对于 $V\text{-}S$ 中任意一个顶点 v_k，若图中有边 $<v_j, v_k>$，且 v_0 经 v_j 到 v_k 的距离 $<v_0, v_j, v_k>$ 小于 v_0 到 v_k 的距离 $<v_0, v_k>$，则用距离 $<v_0, v_j, v_k>$ 替换 $<v_0, v_k>$，即 v_j 成为 v_0 到 v_k 的最短路径上的中间点；反之，v_0 到 v_k 的当前最短距离 $<v_0, v_k>$ 保持不变。即

$$d[k] = \min\ \{d[k], \mathrm{arcs}[j][k] + d[j]\}$$

（3）重复执行（2）直至算法结束。

若集合 $V\text{-}S$ 已为空，则算法结束，距离数组 $d[\ ]$ 中的值为从源点 v_0 到达图中各顶点的最短距离；若 $V\text{-}S$ 不为空，则转至（2）继续执行。

2．求每对顶点之间的最短路径（Floyd 算法）

其基本思想是：递推地产生一个矩阵序列 $A_{-1}, A_0, \cdots, A_k, \cdots, A_{n-1}$，其中 $A_k[i][j]$ 表示从顶点 v_i 到顶点 v_j 的路径上所经过的顶点序号不大于 k 的最短路径长度。初始时，A_{-1} 为有向图 D 的邻接矩阵，即 $A_{-1}[i][j] = D.\mathrm{arcs}[i][j]$。当已知矩阵 A_k，要求矩阵 A_{k+1}，即求从顶点 v_i 到顶点 v_j 的路径上所经过的顶点序号不大于 $k+1$ 的最短路径长度时，要分以下两种情况考虑。

（1）从顶点 v_i 到顶点 v_j 的最短路径上不经过顶点 v_{k+1}（顶点 v_{k+1} 的序号为 $k+1$）。

此时，该路径长度与从顶点 v_i 到顶点 v_j 的路径上所经过的顶点序号不大于 k 的最短路径是相同的，就是 $A_k[i][j]$，即

$$A_{k+1}[i][j] = A_k[i][j]$$

（2）从顶点 v_i 到顶点 v_j 的最短路径上经过顶点 v_{k+1}（顶点 v_{k+1} 的序号为 $k+1$）。

此时，若 v_i 到 v_{k+1} 的距离 $A_k[i][k+1]$ 加上 v_{k+1} 到 v_j 的距离 $A_k[k+1][j]$ 之和小于 v_i 到 v_j 的距离 $A_k[i][j]$，则顶点 v_i 与顶点 v_j 途经顶点序号不大于 $k+1$ 的最短距离用前两者之和代替，否则保持原来的距离不变。即

$$A_{k+1}[i][j] = \min\{A_k[i][j], A_k[i][k+1]+A_k[k+1][j]\ \}$$

综上所述，可以得到求解 $A_{k+1}[i][j]$ 的递推公式：

$$A_{-1}[i][j] = D.\mathrm{arcs}[i][j] \qquad\qquad (k=-1)$$

$$A_{k+1}[i][j] = \min\{\ A_k[i][j], A_k[i][k+1] + A_k[k+1][j]\ \} \qquad\qquad (0 \leqslant k \leqslant n-2)$$

通过递推公式，可计算出最终矩阵 A_{n-1}。其中，元素 $A_{n-1}[i][j]$ 表示顶点 v_i 可途经所有顶点序号不大于 $n-1$ 的顶点到达顶点 v_j 的最短距离，也是顶点 v_i 与顶点 v_j 最终的最短距离。

（演示视频）

7.2　"校园导游程序"的设计与实现

7.2.1　设计要求

1．问题描述

设计一个校园导游程序，为来访的用户提供信息查询服务。

2．需求分析

（1）设计学校的校园平面图。选取若干个有代表性的景点并将其抽象成一个无向带权图（无向网），图中顶点表示校内各景点，边上的权值表示两景点之间的距离。

（2）存放编号、景点名称、简介等信息供用户查询。

（3）为来访用户提供图中任意景点相关信息的查询。

（4）为来访用户提供图中任意景点之间的问路查询。

（5）可以为校园平面图增加或删除景点或边、修改边上的权值等。

7.2.2　概要设计

为了实现以上功能，可以从 3 个方面着手设计。

1．主界面设计

为了实现校园导游程序各功能的管理，首先设计一个含有多个菜单项的主菜单，以链接系统的各项子功能，方便用户使用本程序。本程序主菜单运行界面如图 7-7 所示。

图 7-7　"校园导游程序"主菜单运行界面

2．存储结构设计

本系统采用图结构类型（mgraph）存储抽象校园图的信息。其中，各景点间的邻接关系用图的邻接矩阵类型（adjmatrix）存储；景点（顶点）信息用结构数组（vexs）存储，其中每个数组元素是一个结构变量，包含编号、景点名称及简介 3 个分量；图的顶点数及边数由分量 vexnum、arcnum 表示，它们是整型数据。

此外，本系统还设置了 3 个全局变量：visited[ ]数组用于存储顶点是否被访问的标志；d[ ]数组用于存放边上的权值或存储查找路径顶点的编号；campus 是一个图结构的全局变量。

3．系统功能设计

本系统除要完成图的初始化功能外还设置了 8 个子功能菜单。图的初始化由函数 initgraph

实现。依据读入的图的顶点数和边数，分别初始化图结构中图的顶点向量数组和图的邻接矩阵。8 个子功能的设计描述如下。

（1）学校景点介绍。

学校景点介绍由函数 browsecompus 实现。当用户选择该功能时，系统将输出学校全部景点的信息，包括编号、景点名称及简介。

（2）查看游览路线。

查看游览路线由函数 shortestpath_dij 实现。该功能采用 Dijkstra 算法实现。当用户选择该功能时，系统能根据用户输入的起始景点编号，求出从该景点到其他景点的最短路径线路及距离。

（3）查询景点间最短路径。

查询景点间最短路径由函数 shortestpath_floyd 实现。该功能采用 Floyd 算法实现。当用户选择该功能时，系统能根据用户输入的起始景点及目的地景点编号，查询任意两个景点之间的最短路径线路及距离。

（4）景点信息查询。

景点信息查询由函数 seeabout 实现。该功能根据用户输入的景点编号输出该景点的相关信息，如编号、景点名称等。

（5）更改图信息。

更改图信息功能由主调函数 changegraph 及若干子函数完成，可以实现图的若干基本操作，如增加新的景点、删除边、重建图等。

（6）查询景点间可行路径。

查询景点间所有可行路径由函数 allpath 和函数 path 实现，其中 path 函数是直接递归函数。由于是无向网，如果网中的边数很多，则任意两个景点间的所有路径也会很多，但很多路径是无实际意义的（有近路，为什么去走远路呢）。所以，本算法在求得的两景点间所有可行路径中，限制只输出路径长度不超过 8 个景点的路线。

（7）打印邻接矩阵。

打印邻接矩阵即输出图的邻接矩阵的值，由函数 printmatrix 实现。

（8）退出。

退出校园导游程序，由函数 exit(0)实现。

7.2.3　模块设计

1. 校园抽象图设计

以湖北第二师范学院光谷校区主要景点为例，抽象完成的无向网如图7-8所示。全校共抽象出 28 个景点，39 条道路。各景点分别用图中的顶点表示，景点编号为 0～27；39 条道路分别用图中的边表示，边上的权值表示景点之间的模拟距离。

2. 系统模块设计

本程序包含 3 个模块：主程序模块、工作区模块和无向网操作模块。其调用关系如图7-9所示。

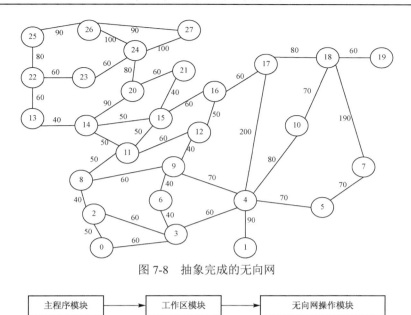

图 7-8 抽象完成的无向网

```
主程序模块 ──▶ 工作区模块 ──▶ 无向网操作模块
```

图 7-9 模块调用关系

3．系统子程序及功能设计

本系统共设置 18 个子程序，各子程序的函数名及功能说明如下。

（1）mgraph initgraph()   //图的初始化
（2）int locatevex(mgraph c, int v)   //查找景点在图中的序号
（3）void path(mgraph c, int m,int n,int k)   //自递归调用函数。打印景点编号为 m 到 n 的路径
（4）int allpath(mgraph c) //打印两景点间的所有路径（限制景点个数不超过 8），调用（2）和（3）
（5）void shortestpath_dij(mgraph c)
　　　//用 Dijkstra 算法求一个景点到其他景点间的最短路径并打印

以下编号（6）～（12）是图的基本操作。

（6）int creatgragh(mgraph *c)   //重建图。以图的邻接矩阵存储图，返回值：1 或-1
（7）int newgraph(mgraph *c)   //更新图的信息。返回值：1
（8）int enarc(mgraph *c)   //增加图的一条边。返回值：1
（9）int envex(mgraph *c)   //增加图的一个顶点。返回值：1
（10）int delvex(mgraph *c)   //删除图的一个顶点。返回值：1
（11）int delarc(mgraph *c)   //删除图的一条边。返回值：1
（12）void printmatrix(mgraph c)   //输出图的邻接矩阵
（13）int changegraph(mgraph *c)   //图操作的主调函数。返回值：1
（14）void shortestpath_floyd(mgraph c)//用 Floyd 算法求两景点间的最短路径并打印
（15）void seeabout(mgraph c)   //查询景点的信息
（16）void browsecompus(mgraph c)   //显示所有景点信息
（17）void mainwork()   //工作区函数，创建操作区用户界面
（18）void main()   //主函数，设定界面的颜色和大小，调用工作区函数

4．函数主要调用关系图

校园导游程序 18 个子程序之间的主要调用关系如图 7-10 所示。图中数字是各函数的编号。

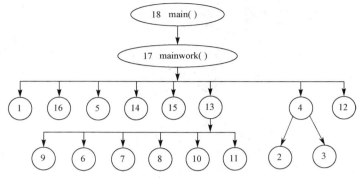

图 7-10   系统函数主要调用关系图

7.2.4   详细设计

1. 数据类型定义

（1）无向带权图（无向网）的定义。

```
typedef struct arcell                              //边的权值信息
{   int adj;                                       //权值
}arcell,adjmatrix[MaxVertexNum][MaxVertexNum];     //图的邻接矩阵类型
typedef struct vexsinfo                            //顶点信息
{   int position;                                  //景点编号
    char name[32];                                 //景点名称
    char introduction[256];                        //景点简介
}vexsinfo;

typedef struct mgraph                              //图结构信息
{   vexsinfo vexs[MaxVertexNum];                   //顶点向量（数组）
    adjmatrix arcs;                                //邻接矩阵
    int vexnum, arcnum;                            //分别保存顶点数和边数
}mgraph;
```

（2）全局变量定义。

```
int  visited[35];                                  //用于标识顶点是否已经访问过
int  d[35];                                        //用于存放权值或存储路径顶点编号
mgraph  campus;                                    //图变量（大学校园）
```

2. 系统主要子程序详细设计

（1）主函数模块设计。

主函数，设定界面的颜色和大小，调用工作区函数。

```
void main()
{   system("color 1f");                  //屏幕颜色设定
    system("mode con: cols=140 lines=130");
    mainwork();
}
```

（2）用户工作区模块设计。

工作区函数，创建操作区用户界面。

```
void mainwork()
{
 int yourchoice;
 campus=initgraph();    //初始化图：建立校园的基本信息
 printf("\n-------------欢迎使用校园导游程序-------------------  \n");
 printf("\n               欢迎来到湖北第二师范学院 !             \n\n");
 printf("\n                  菜 单 选 择                        \n\n");
 printf("    1. 学校景点介绍              2. 查看游览路线        \n");
 printf("    3. 查询景点间最短路径         4. 景点信息查询         \n");
 printf("    5. 更改图信息                6. 查询景点间可行路径    \n");
 printf("    7. 打印邻接矩阵              8. 退出                 \n");
 printf("\n-----------------------------------------------------\n");
 printf("请输入您的选择: ");
 scanf("%d",&yourchoice);
 while(!(yourchoice==1||yourchoice==2||yourchoice==3||yourchoice==4||
         yourchoice==5||yourchoice==6||yourchoice==7||yourchoice==8))
 {
    printf ("输入选择不明确, 请重新输入\n");
    scanf("%d", &yourchoice);
 }
 while(1)
 {
    switch(yourchoice)
    {
        case 1:  system("cls");  browsecompus(campus);        break;
        case 2:  system("cls");  shortestpath_dij(campus);    break;
        case 3:  system("cls");  shortestpath_floyd(campus);  break;
        case 4:  system("cls");  seeabout(campus);            break;
        case 5:  system("cls");  changegraph(&campus);        break;
        case 6:  system("cls");  allpath(campus);             break;
        case 7:  system("cls");  printmatrix(campus);         break;
        case 8:  system("cls");  exit(0);                     break;
        default: break;
    }
    printf("\n-------------欢迎使用校园导游程序-------------------\n");
    printf("\n               欢迎来到湖北第二师范学院!            \n\n");
    printf("\n                  菜 单 选 择                      \n\n");
    printf("    1. 学校景点介绍              2. 查看游览路线      \n");
    printf("    3. 查询景点间最短路径         4. 景点信息查询       \n");
    printf("    5. 更改图信息                6. 查询景点间可行路径  \n");
    printf("    7. 打印邻接矩阵              8. 退出               \n");
    printf("\n----------------------------------------------------- \n");
    printf("\n 请输入您的选择: ");
    scanf("%d", &yourchoice);
```

```
    }//endwhile(1)
}//mainwork
```

（3）图操作的主调函数。

```
int changegraph(mgraph *c)
{   int  yourchoice;
    printf("\n 请问是要\n\n   (1)再次建图    (2)删除结点    (3)删除边 \n");
    printf("\n             (4)增加结点    (5)增加边    (6)更新信息 \n\n
                          (7)打印邻接矩阵 (8)返回？ \n\n");
    scanf("%d",&yourchoice);  printf("\n\n");
    while(!(yourchoice==1||yourchoice==2||yourchoice==3||yourchoice==4
        ||yourchoice==5||yourchoice==6||yourchoice==7||yourchoice==8))
    {
        printf("输入选择不明确，请重输\n");
        scanf("%d",&yourchoice);
    }
    while(1)
    {   switch(yourchoice)
        {
            case 1: creatgragh(c);  break;        //重建图
            case 2: delvex(c);       break;       //删除图的一个顶点
            case 3: delarc(c);       break;       //删除图的一条边
            case 4: envex(c);        break;       //增加图的一个顶点
            case 5: enarc(c);        break;       //增加图的一条边
            case 6: newgraph(c);     break;       //更新图的信息
            case 7: printmatrix(campus); break; //输出图的邻接矩阵
            case 8: return 1;                     //返回主菜单
        }
        printf("\n 请问是要\n\n  (1)再次建图      (2)删除结点   (3)删除边 \n");
        printf("\n             (4)增加结点    (5)增加边    (6)更新信息 \n\n
                          (7)打印邻接矩阵 (8)返回？ \n\n");
        scanf("%d",&yourchoice);  printf("\n\n");
        while(!(yourchoice==1||yourchoice==2||yourchoice==3||yourchoice==4
            ||yourchoice==5||yourchoice==6||yourchoice==7||yourchoice==8))
        {
            printf("输入选择不明确，请重输\n");
            scanf("%d",&yourchoice);
        }
    } //endwhile(1)
    return 1;
} //changegraph
```

（4）打印两景点间的所有路径。

```
int allpath(mgraph c)
{//4.打印两景点间的所有路径
 //算法中将路径起始点编号 m 存入数组元素 d[0]中，并将其顶点访问标志设置为 1，即
```

```
    //visited[m]=1
    //然后调用 path() 函数求由 m 出发到景点 n 的所有路径
       int k, i, j, m, n;
       printf("\n\n 请输入您要查询的两个景点编号:\n\n");
       scanf("%d%d",&i,&j);  printf("\n\n");
       m=locatevex(c,i);  //确定该顶点是否存在。若存在，则返回该顶点编号
       n=locatevex(c,j);
       d[0]=m;                      //存储路径起点 m (int d[]数组是全局变量)
       for(k=0;k<c.vexnum;k++)      //全部顶点访问标志初值设为 0
           visited[k]=0;
       visited[m]=1;                //第 m 个顶点访问标志设置为 1
       path(c,m,n,0);  //k=0, 对应起点 d[0]==m。k 为 d[]数组下标
       return 1;
}//endallpath
void path(mgraph c, int m,int n,int k)
{//3. 自递归调用函数。若顶点 s 是由 m 出发到景点 n 的路径上的顶点，则调用自身，求由 s
 //出发的所有可能到达顶点 n 的路径。找到一条(递归出口)，输出一条(限制只输出景点个数
 //≤8 的路径)。d[]数组存储由 m 出发到景点 n 的路径上的顶点编号，visited[]数组存放
 //顶点是否被访问的标志
       int s, x=0, t=k+1;       //t 用于存放路径上下一个顶点对应的 d[]数组元素的下标
       if (d[k]==n && k<8)      //递归出口，找到一条路径。若 d[k]是终点 n 且景点个
                                //数≤8,则输出该路径
       {   for (s=0;s<k;s++)
               printf("%s--->",c.vexs[d[s]].name);//输出该路径。s=0 时为起点 m
           printf("%s\n\n",c.vexs[d[s]].name);     //输出最后一个景点名称(即
                                                   //顶点 n 的名称,此时 s==k)
       }
       else
       {
           s=0;
           while(s<c.vexnum)            //从第 m 个顶点,试探至所有顶点是否有路径
           {
               if((c.arcs[d[k]][s].adj<Infinity) && (visited[s]==0))
                                        //初态：顶点 m 到顶点 s 有边,且未被访问
               {
                   visited[s]=1;
                   d[k+1]=s;            //存储顶点编号 s 至 d[k+1]中
                   path(c,m,n,t);       //求从下标为 t=k+1 的第 d[t]==s 个顶点开始的路
                                        //径(递归调用),同时打印出一条 m 至 n 的路径
                   visited[s]=0;        //将找到的路径上顶点的访问标志重新设置为 0,
                                        //用于试探新的路径
               }
               s++;                     //试探从下一个顶点 s 开始是否有到终点的路径
           }
       }//endelse
}//endpath
```

（5）用 Dijkstra 算法求一个景点到其他景点间的最短路径并打印。

```
void shortestpath_dij(mgraph c)
{ //5. 用 Dijkstra 算法求从顶点 v0 到其余顶点的最短路径 p[]及其带权长度 d[v]  (最短
  //路径的距离)
  //p[][]数组用于存放两顶点间是否有通路的标志。若 p[v][w]==1，则 w 是从 v0 到 v 的最短
  //路径上的顶点
  //final[]数组用于设置访问标志
  int v, w, i, min, t=0, x, flag=1, v0;              //v0 为起始景点的编号
  int final[35], d[35], p[35][35];
  printf("\n 请输入一个起始景点的编号：");
  scanf("%d",&v0);         printf("\n\n");
  while(v0<0||v0>c.vexnum)
  {
      printf("\n 您所输入的景点编号不存在\n");
      printf("请重新输入：");
      scanf("%d",&v0);
  }
  for(v=0;v<c.vexnum;v++)
  {
      final[v]=0;                    //初始化各顶点访问标志
      d[v]=c.arcs[v0][v].adj;        //将 v0 到各顶点 v 的权值赋值给 d[v]
      for(w=0;w<c.vexnum;w++)        //初始化 p[][]数组，各顶点间的路径全部设置为空
                                     //路径 0
          p[v][w]=0;
      if(d[v]<Infinity)             //v0 到 v 有边相连，修改 p[v][v0]的值为 1
      {
          p[v][v0]=1;
          p[v][v]=1;                //各顶点自己到自己要连通
      }
  }//for
  d[v0]=0;                          //自己到自己的权值设为 0
  final[v0]=1;                      //v0 的访问标志设为 1，v 属于 s 集
  for(i=1;i<c.vexnum;i++)//对其余 c.vexnum-1 个顶点 w，依次求 v 到 w 的最短路径
  {
      min=Infinity;
      for(w=0;w<c.vexnum;w++)        //在未被访问的顶点中，查找与 v0 最近的顶点 v
          if(!final[w])
              if(d[w]<min)           //v0 到 w(有边)的权值<min
              {
                  v=w;    min=d[w];
              }//if
      final[v]=1;                    //将 v 的访问标志设置为 1，v 属于 s 集
      for(w=0;w<c.vexnum;w++)        //修改 v0 到其余各顶点 w 的最短路径权值 d[w]
      if(!final[w]&&(min+c.arcs[v][w].adj<d[w])) //若 w∉s，且 v 到 w 有边相连
      {
          d[w]=min+c.arcs[v][w].adj;         //修改 v0 到 w 的权值 d[w]
          for(x=0;x<c.vexnum;x++)            //所有 v0 到 v 的最短路径上的顶点 x
                                             //都是 v0 到 w 的最短路径上的顶点
              p[w][x]=p[v][x];
```

```
                    p[w][w]=1;
                }//if
        }//for
        for(v=0;v<c.vexnum;v++)                //输出 v0 到其他顶点 v 的最短路径
        {
            if(v!=v0)
                printf("%s",c.vexs[v0].name);   //输出景点 v0 的景点名称
            for(w=0;w<c.vexnum;w++)              //对图中每个顶点 w,试探其是否是 v0 到
                                                 //v 的最短路径上的顶点
            {
                if(p[v][w] && w!=v0 && w!=v)     //若 w 是,且 w 不等于 v0,则输出该景点
                    printf("--->%s",c.vexs[w].name);
            }
            printf("---->%s",c.vexs[v].name);
            printf("\n 总路线长为%d 米\n\n",d[v]);
        }//for
    }//shortestpath_dij
```

（6）用 Floyd 算法求两景点间的最短路径并打印。

```
    void shortestpath_floyd(mgraph c)
    {//14. 用 Floyd 算法求各对顶点 v 和 w 间的最短路径 p[][]及其带权长度 d[v][w]
     //若 p[v][w][u]==1;则 u 是 v 到 w 的当前求得的最短路径上的顶点
        int i, j, k, v, u, w, d[35][35], p[35][35][35];
        for(v=0;v<c.vexnum;v++)     //初始化各对顶点 v 和 w 间的起始距离 d[v][w]及路径
                                     //p[v][w][]数组
        {
            for(w=0;w<c.vexnum;w++)
            {
                d[v][w]=c.arcs[v][w].adj;     //d[v][w]中存放 v 至 w 间初始权值
                for(u=0;u<c.vexnum;u++)        //初始化最短路径 p[v][w][]数组,第 3 分
                                               //量全部清 0
                    p[v][w][u]=0;
                if(d[v][w]<Infinity)           //如果 v 至 w 间有边相连
                {
                    p[v][w][v]=1;              //v 是 v 至 w 最短路径上的顶点
                    p[v][w][w]=1;              //w 是 v 至 w 最短路径上的顶点
                }
            }//for
        }//endfor
        for(u=0;u<c.vexnum;u++)                //求 v 至 w 的最短路径及距离
        {//对任意顶点 u, 试探其是否为 v 至 w 最短路径上的顶点
            for(v=0;v<c.vexnum;v++)
                for(w=0;w<c.vexnum;w++)
                    if(d[v][u]+d[u][w]<d[v][w])       //从 v 经 u 到 w 的一条路径更短
                    {
                        d[v][w]=d[v][u]+d[u][w];        //修改 v 至 w 的最短路径长度
                        for(i=0;i<c.vexnum;i++)          //修改 v 至 w 的最短路径数组
                            p[v][w][i] = p[v][u][i] || p[u][w][i];
                        //若 i 是 v 至 u 的最短路径上的顶点,或 i 是 u 至 w 的最短路径上的顶点,
```

```
                    //则 i 是 v 至 w 的最短路径上的顶点
            }//endif
    }//endfor
    printf ("\n 请输入出发点和目的地编号：");
    scanf("%d%d",&k,&j); printf("\n\n");
    while(k<0||k>c.vexnum||j<0||j>c.vexnum)
    {
        printf("\n 您所输入的景点编号不存在！");
        printf("\n 请重新输入出发点和目的地编号：\n\n");
        scanf("%d%d",&k,&j); printf("\n\n");
    }
    printf("%s",c.vexs[k].name);                 //输出出发景点名称
    for(u=0;u<c.vexnum;u++)
        if(p[k][j][u] && k!=u && j!=u)           //输出最短路径上中间景点名称
            printf("--->%s",c.vexs[u].name);
    printf("--->%s",c.vexs[j].name);             //输出目的地景点名称
    printf("\n\n\n 总长为%d 米\n\n\n",d[k][j]);
}//shortestpath_floyd
```

7.2.5　测试分析

程序主菜单运行界面如图 7-7 所示。各子功能测试运行结果如下。

1．学校景点介绍

在主菜单下，用户输入 1 并按回车键，运行结果如图 7-11 所示。

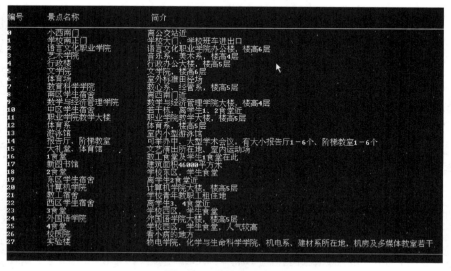

图 7-11　学校景点介绍

2．查看游览路线

在主菜单下，用户输入 2 并按回车键，根据屏幕提示输入一个景点编号 4 并按回车键后，系统会给出由景点 4 到其余景点的最短游览路线及最短距离。运行结果如图 7-12 所示。

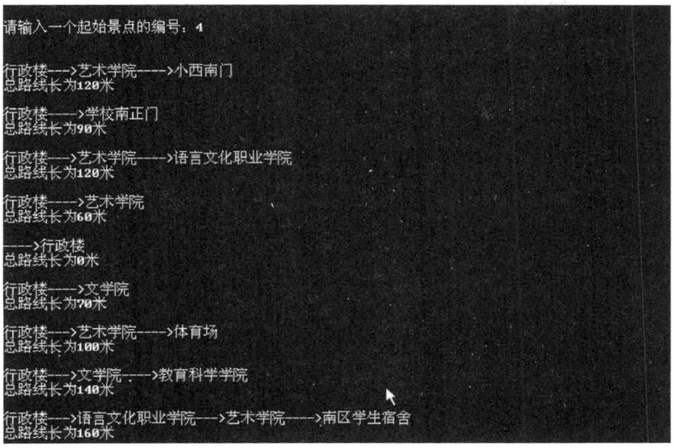

图 7-12　查看游览路线

3．查询景点间最短路径

在主菜单下，用户输入 3 并按回车键，根据屏幕提示输入一个出发点编号及目的地编号（3　17）并按回车键后，运行结果如图 7-13 所示。

图 7-13　查询景点间最短路径

4．景点信息查询

在主菜单下，用户输入 4 并按回车键，根据屏幕提示输入一个要查询的景点编号 20 并按回车键后，运行结果如图 7-14 所示。

不足之处：仅能根据景点编号进行查询，可以增加根据景点名称等进行查询的功能。

5．更改图信息

在主菜单下，用户输入 5 并按回车键后出现二级菜单界面，运行结果如图7-15 所示。再进一步做选择，可以实现图的相关基本操作。

图 7-14　景点信息查询

图 7-15　更改图信息

6．查询景点间可行路径

本算法在求得的两景点间所有可行路径中，限制只输出路径长度不超过8个景点的路线。在主菜单下，用户输入 6 并按回车键，根据屏幕提示输入要查询的两个景点编号（5　17）并按回车键后，运行结果如图 7-16 所示。本功能由递归函数实现，所以当图中的边数过多时，可能造成死循环而得不到正确结果。

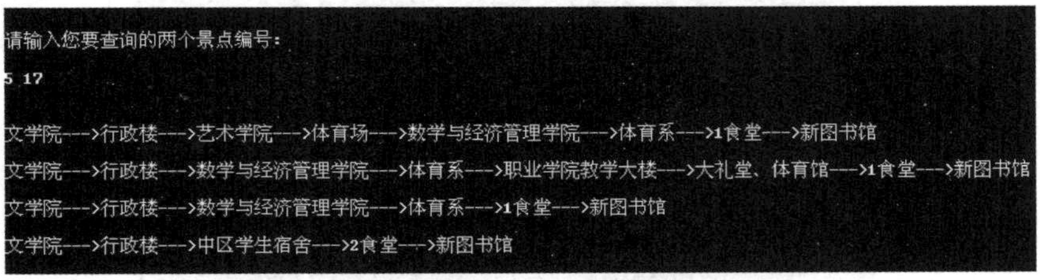

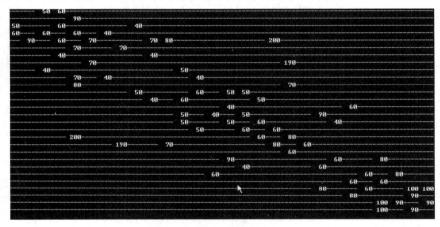

图 7-16　查询景点间可行路径

7. 打印邻接矩阵

在主菜单下，用户输入 7 并按回车键，运行结果如图 7-17 所示。

图 7-17　打印邻接矩阵

8. 退出

在主菜单下，用户输入 8 并按回车键，即退出校园导游程序。

7.2.6　源程序清单

```c
//头文件 campus_guide.h
#define Infinity  1000
#define MaxVertexNum 35
#define MAX  40
#include<stdio.h>
#include<stdlib.h>
#include<conio.h>
#include<string.h>
#include<iostream.h>
typedef struct arcell
{//边的权值信息
    int adj;                                           //权值
}arcell, adjmatrix[MaxVertexNum][MaxVertexNum];     //图的邻接矩阵类型
typedef struct vexsinfo
{//顶点信息
```

```
    int position;                                  //景点编号
    char name[32];                                 //景点名称
    char introduction[256];                        //景点简介
}vexsinfo;
typedef struct mgraph
{//图结构信息
    vexsinfo vexs[MaxVertexNum];                   //顶点向量(数组)
    adjmatrix arcs;                                //邻接矩阵
    int vexnum,arcnum;                             //分别指定顶点数和边数
}mgraph;
//全局变量
int visited[35];                                   //用于标志是否已经访问过
int d[35];                                         //用于存放权值或存储路径顶点编号
mgraph  campus;                                    //图变量(大学校园)
//主程序文件 campus_guide.c
#include "campus_guide.h"
//1. 图的初始化
mgraph initgraph()
{    int i=0,j=0;
     mgraph c;
     c.vexnum=28;                                  //顶点数
     c.arcnum=39;                                  //边数
     for(i=0;i<c.vexnum;i++)                       //依次设置顶点编号
         c.vexs[i].position =i;
     //依次输入顶点信息
     strcpy(c.vexs[0].name,"小西南门");
     strcpy(c.vexs[0].introduction,"离公交站近");
     strcpy(c.vexs[1].name,"学校南正门");
     strcpy(c.vexs[1].introduction,"学校大门、学校班车进出口");
     strcpy(c.vexs[2].name,"语言文化职业学院");
     strcpy(c.vexs[2].introduction,"语言文化职业学院办公楼，楼高 6 层");
     strcpy(c.vexs[3].name,"艺术学院");
     strcpy(c.vexs[3].introduction,"音乐系、美术系，楼高 4 层");
     strcpy(c.vexs[4].name,"行政楼");
     strcpy(c.vexs[4].introduction,"行政办公大楼，楼高 5 层");
     strcpy(c.vexs[5].name,"文学院");
     strcpy(c.vexs[5].introduction,"文学院，楼高 6 层");
     strcpy(c.vexs[6].name,"体育场");
     strcpy(c.vexs[6].introduction,"室外标准田径场");
     strcpy(c.vexs[7].name,"教育科学学院");
     strcpy(c.vexs[7].introduction,"教心系、经管系，楼高 5 层");
     strcpy(c.vexs[8].name,"南区学生宿舍");
     strcpy(c.vexs[8].introduction,"离西南门近");
     strcpy(c.vexs[9].name,"数学与经济管理学院");
     strcpy(c.vexs[9].introduction,  "数学与经济管理学院大楼，楼高 4 层");
     strcpy(c.vexs[10].name,"中区学生宿舍");
     strcpy(c.vexs[10].introduction,"若干栋，离学生 1、2 食堂近");
     strcpy(c.vexs[11].name,"职业学院教学大楼");
     strcpy(c.vexs[11].introduction,"职业学院教学大楼，楼高 5 层");
     strcpy(c.vexs[12].name,"体育系");
     strcpy(c.vexs[12].introduction,"体育系，楼高 5 层");
     strcpy(c.vexs[13].name,"游泳馆");
```

```
strcpy(c.vexs[13].introduction,"室内小型游泳馆");
strcpy(c.vexs[14].name,"报告厅、阶梯教室");
strcpy(c.vexs[14].introduction,"可举办中、大型学术会议。有大小报告厅
                               1—6 个、阶梯教室 1—6 个");
strcpy(c.vexs[15].name,"大礼堂、体育馆");
strcpy(c.vexs[15].introduction,"文艺演出所在地、室内运动场");
strcpy(c.vexs[16].name,"1 食堂");
strcpy(c.vexs[16].introduction,"教工食堂及学生 1 食堂在此");
strcpy(c.vexs[17].name,"新图书馆");
strcpy(c.vexs[17].introduction,"建筑面积 46000 平方米");
strcpy(c.vexs[18].name,"2 食堂");
strcpy(c.vexs[18].introduction,"学校东区，学生食堂");
strcpy(c.vexs[19].name,"东区学生宿舍");
strcpy(c.vexs[19].introduction,"离学生 2 食堂近");
strcpy(c.vexs[20].name,"计算机学院");
strcpy(c.vexs[20].introduction,"计算机学院大楼，楼高 5 层");
strcpy(c.vexs[21].name,"教工宿舍");
strcpy(c.vexs[21].introduction,"学校青年教职工租住地");
strcpy(c.vexs[22].name,"西区学生宿舍");
strcpy(c.vexs[22].introduction,"离学生 3、4 食堂近");
strcpy(c.vexs[23].name,"3 食堂");
strcpy(c.vexs[23].introduction,"学校西区，学生食堂");
strcpy(c.vexs[24].name,"外国语学院");
strcpy(c.vexs[24].introduction,"外国语学院大楼，楼高 5 层");
strcpy(c.vexs[25].name,"4 食堂");
strcpy(c.vexs[25].introduction,"学校西区，学生食堂，人气较高");
strcpy(c.vexs[26].name,"校医院");
strcpy(c.vexs[26].introduction,"看小病的地方");
strcpy(c.vexs[27].name,"实验楼");
strcpy(c.vexs[27].introduction,"物电学院、化学与生命科学学院、机电系、
                               建材系所在地，机房及多媒体教室若干");
for(i=0;i<c.vexnum;i++)
    for(j=0;j<c.vexnum;j++)
        c.arcs [i][j].adj=Infinity;      //先初始化图的邻接矩阵
c.arcs[0][2].adj=50;    c.arcs[0][3].adj=60;    c.arcs[1][4].adj=90;
c.arcs[2][3].adj=60;    c.arcs[2][8].adj=40;    c.arcs[3][4].adj=60;
c.arcs[3][6].adj=40;    c.arcs[4][5].adj=70;    c.arcs[4][9].adj=70;
c.arcs[4][10].adj=80;   c.arcs[4][17].adj=200;  c.arcs[5][7].adj=70;
c.arcs[6][9].adj=40;    c.arcs[7][18].adj=190;  c.arcs[8][11].adj=50;
c.arcs[9][12].adj=40;   c.arcs[10][18].adj=70;  c.arcs[11][12].adj=60;
c.arcs[11][14].adj=50;  c.arcs[11][15].adj=50;  c.arcs[12][16].adj=50;
c.arcs[13][14].adj=40;  c.arcs[13][22].adj=60;  c.arcs[14][15].adj=50;
c.arcs[14][20].adj=90;  c.arcs[15][16].adj=60;  c.arcs[15][21].adj=40;
c.arcs[16][17].adj=60;  c.arcs[17][18].adj=80;  c.arcs[18][19].adj=60;
c.arcs[20][21].adj=60;  c.arcs[20][24].adj=80;  c.arcs[22][23].adj=60;
c.arcs[22][25].adj=80;  c.arcs[23][24].adj=60;  c.arcs[24][26].adj=100;
c.arcs[24][27].adj=100; c.arcs[25][26].adj=90;  c.arcs[26][27].adj=90;
for(i=0;i<c.vexnum;i++)                        //邻接矩阵是对称矩阵，对称赋值
    for(j=0;j<c.vexnum;j++)
        c.arcs[j][i].adj=c.arcs[i][j].adj;
return c;
}//initgraph
```

```
//2．查找景点在图中的序号
int locatevex(mgraph c,int v)
{
    int i;
    for (i=0;i<c.vexnum;i++)
        if (v==c.vexs[i].position)return i;        //找到，返回顶点序号 i
    return -1;                                     //否则，返回-1
}

//3．自递归调用函数。查找并输出序号为 m,n 景点间的长度不超过 8 个景点的路径
void path(mgraph c, int m,int n,int k) //源代码参见：7.2.4 详细设计 2.(4)
//4．打印两景点间的所有路径
int allpath(mgraph c)                           //源代码参见：7.2.4 详细设计 2.(4)
//5．用 Dijkstra 算法求一个景点到其他景点间的最短路径并打印
void shortestpath_dij(mgraph c)                 //源代码参见：7.2.4 详细设计 2.(5)

//以下是修改图的相关信息
//6．重建图
int creatgragh(mgraph *c)            //重建图。以图的邻接矩阵存储图，返回值：1 或-1
{
    int  i, j, m, n, v0,v1,distance;
    printf("请输入图的顶点数和边数：\n");
    scanf("%d %d",&c->vexnum,&c->arcnum );
    printf("下面请输入景点的信息：\n");
    for(i=0;i<c->vexnum;i++)                          //构造顶点向量(数组)
    {
        printf("请输入景点的编号：");
        scanf("%d",&c->vexs[i].position );
        printf("\n 请输入景点的名称：");
        scanf("%s",&c->vexs[i].name);
        printf("\n 请输入景点的简介：");
        scanf("%s",&c->vexs[i].introduction);
    }
    for(i=0;i<c->arcnum;i++)                          //初始化邻接矩阵
        for(j=0;j<c->arcnum;j++)
            c->arcs[i][j].adj=Infinity;
    printf("下面请输入图的边的信息：\n");
    for(i=1;i<=c->arcnum;i++)                         //构造邻接矩阵
    {
        printf("\n 第%d 条边的起点 终点 长度为：",i);//输入一条边的起点、终点
                                                     //及权值
        scanf("%d %d %d",&v0,&v1,&distance);
        m=locatevex(campus,v0);
        n=locatevex(campus,v1);
        if(m>=0 && n>=0)
        {
            c->arcs[m][n].adj=distance;
            c->arcs[n][m].adj=c->arcs[m][n].adj;
        }
    }//endfor
    return 1;
}//creatgragh
```

```c
//7. 更新图的信息。返回值：1
int  newgraph(mgraph *c)
{
    int  changenum;                          //计数，用于记录要修改的对象的个数
    int  i, m, n, t, distance, v0, v1;
    printf("\n 下面请输入您要修改的景点的个数：\n");
    scanf("%d",&changenum);
    while(changenum<0||changenum>c->vexnum)
    {
        printf("\n 输入错误！请重新输入");
        scanf("%d",&changenum);
    }
    for(i=0;i<changenum;i++)
    {
        printf("\n 请输入景点的编号：");
        scanf("%d",&m);
        t=locatevex(campus,m);
        printf("\n 请输入景点的名称：");
        scanf("%s",&c->vexs[t].name);
        printf("\n 请输入景点的简介：");
        scanf("%s",&c->vexs[t].introduction);
    }
    printf("\n 下面请输入您要更新的边数");
    scanf("%d",&changenum);
    while(changenum<0||changenum>c->arcnum)
    {
        printf("\n 输入错误！请重新输入");
        scanf("%d",&changenum);
    }
    printf("\n 下面请输入更新边的信息：\n");
    for(i=1;i<=changenum;i++)
    {
        printf("\n 修改的第%d 条边的起点 终点 长度为：",i);
        scanf("%d %d %d",&v0,&v1,&distance);
        m=locatevex(campus,v0);
        n=locatevex(campus,v1);
        if(m>=0&&n>=0)
        {
            c->arcs[m][n].adj=distance;
            c->arcs[n][m].adj=c->arcs[m][n].adj;
        }
    }
    return 1;
}//newgraph
//8. 增加图的一条边。返回值：1
int  enarc(mgraph *c)
{
    int  m, n, distance;
    printf("\n 请输入边的起点和终点编号,权值：");
    scanf("%d %d %d",&m,&n,&distance);
```

```
        while(m<0||m>c->vexnum ||n<0||n>c->vexnum)
        {
            printf("输入错误，请重新输入：");
            scanf("%d %d",&m,&n);
        }
        if(locatevex(campus,m)<0)
        {
            printf("此结点%d 已删除",m);
            return 1;
        }
        if(locatevex(campus,n)<0)
        {
            printf("此结点%d 已被删除：",n);
            return 1;
        }
        c->arcs[m][n].adj=distance;
        c->arcs[n][m].adj=c->arcs[m][n].adj;                    //对称赋值
        return 1;
}//endenarc
//9．增加图的一个顶点。返回值：1
int envex(mgraph *c)
{
    int i;
    printf("请输入您要增加结点的信息：");
    printf("\n 编号：");
    scanf("%d",&c->vexs[c->vexnum].position);
    printf("名称：");
    scanf("%s",&c->vexs[c->vexnum].name);
    printf("简介：");
    scanf("%s",&c->vexs[c->vexnum].introduction) ;
    c->vexnum ++;
    for(i=0;i<c->vexnum;i++)        //对原邻接矩阵新增加的一行及一列进行初始化
    {
        c->arcs [c->vexnum-1][i].adj=Infinity;   //最后一行(新增的一行)
        c->arcs [i][c->vexnum-1].adj=Infinity;   //最后一列(新增的一列)
    }
    return 1;
}//endenvex
//10．删除图的一个顶点。返回值：1
int delvex(mgraph *c)
{
    int  i=0, j;
    int  m, v;
    if(c->vexnum<=0)
    {
        printf("图中已无顶点");
        return 1;
    }
    printf("\n 下面请输入您要删除的景点编号：");
    scanf("%d",&v);
    while(v<0||v>c->vexnum)
    {
```

```
        printf("\n 输入错误!请重新输入");
        scanf("%d",&v);
    }
    m=locatevex(campus,v);
    if(m<0)
    {
        printf("此顶点 %d 已删除",v);
        return 1;
    }
    for(i=m;i<c->vexnum-1;i++)//对顶点信息所在顺序表进行删除 m 点的操作
    {
        strcpy(c->vexs[i].name,c->vexs[i+1].name);
        strcpy(c->vexs[i].introduction,c->vexs[i+1].introduction);
    }
    //对原邻接矩阵,删除该顶点到其余顶点的邻接关系。分别删除相应的行和列
    for(i=m;i<c->vexnum-1;i++)                      //行
        for(j=0;j<c->vexnum;j++)                    //列
            c->arcs[i][j]=c->arcs[i+1][j];
    //二维数组,从第 m+1 行开始依次往前移一行。即删除第 m 行
    for(i=m;i<c->vexnum-1;i++)
        for(j=0;j<c->vexnum;j++)
            c->arcs[j][i]=c->arcs[j][i+1];
    //二维数组,从第 m+1 列开始依次往前移一列。即删除第 m 列
    c->vexnum--;
    return 1;
}//enddelvex
//11. 删除图的一条边。返回值: 1
int delarc(mgraph *c)
{
    int m, n, v0, v1;
    if(c->arcnum<=0)
    {
        printf("图中已无边,无法删除。");
        return 1;
    }
    printf("\n 下面请输入您要删除的边的起点和终点编号: ");
    scanf("%d %d",&v0,&v1);
    m=locatevex(campus,v0);
    if(m<0)
    {
        printf("此 %d 顶点已删除",v0);
        return 1;
    }
    n=locatevex(campus,v1);
    if(n<0)
    {
        printf("此 %d 顶点已删除",v1);
        return 1;
    }
    c->arcs [m][n].adj=Infinity;            //修改邻接矩阵对应的权值
    c->arcs [n][m].adj=Infinity;
```

```
        c->arcnum --;
        return 1;
}//delarc
//12. 输出图的邻接矩阵
void printmatrix(mgraph c)
{
    int  i, j, k=0;                            //k 用于计数，控制换行
    for(i=0;i<c.vexnum;i++)
        for(j=0;j<c.vexnum;j++)
        {
            if (c.arcs[i][j].adj==Infinity)
                printf("----");
            else
                printf("%4d",c.arcs[i][j].adj);
            k++;
            if (k%c.vexnum ==0) printf("\n");
        }
}//printpath
//13. 图操作的主调函数。返回值：1
int changegraph(mgraph *c)                     //源代码参见：7.2.4 详细设计 2.(3)
//14. 用 Floyd 算法求两景点间的最短路径并打印
void shortestpath_floyd(mgraph c)              //源代码参见：7.2.4 详细设计 2.(6)
//15. 查询景点的信息
void seeabout(mgraph c)
{   int k;
    printf("\n 请输入要查询的景点编号：");
    scanf("%d",&k);
    while(k<0||k>c.vexnum)
    {
        printf("\n 您所输入的景点编号不存在！");
        printf("\n 请重新输入：");
        scanf("%d",&k);
    }
    printf("\n\n 编号：%-4d\n",c.vexs[k].position);
    printf("\n\n 景点名称：%-10s\n",c.vexs[k].name);
    printf("\n\n 介绍：%-80s\n\n",c.vexs[k].introduction);
}
//16. 显示所有景点信息
void browsecompus(mgraph c)
{
    int i;
    printf(" \n\n 编号              景点名称                简介\n");
    printf("_____\n");
    for(i=0;i<c.vexnum ;i++)
    printf("%-10d%-25s%-80s\n",c.vexs[i].position,c.vexs[i].name,
            c.vexs[i].introduction);
    printf("_____\n\n");
}
//17. 工作区函数，创建操作区用户界面
void mainwork()                                //源代码参见：7.2.4 详细设计 2.(2)
//18. 主函数，设定界面的颜色大小，调用工作区函数
void main()                                    //源代码参见：7.2.4 详细设计 2.(1)
```

7.2.7　用户手册

（1）本程序执行文件为"校园导游程序.exe"。

（2）进入本程序之后，随即显示系统主菜单运行界面。用户可在该界面下输入各子菜单前对应的数字并按回车键，执行相应子菜单命令。

（3）查询景点信息都是通过输入景点编号并按回车键实现的，两个景点编号之间用空格隔开。进入本程序后，建议先选择子菜单"1. 学校景点介绍"，以了解景点名称和景点编号的对应关系。

7.3　课程设计题选

7.3.1　图基本操作的实现

【问题描述】

很多涉及图上操作的算法都是以图的遍历操作为基础的。试编写一个程序，完成在连通无向图上访问图中全部顶点及相关基本操作。

【基本要求】

以图的邻接表为存储结构，实现连通无向图的深度优先和广度优先遍历。以用户指定的顶点为起点，分别输出每种遍历下的结点访问序列及图的各相应生成树的边集。

【测试数据】

自行设计一个至少含 10 个顶点、14 条边的无向连通图。

【实现提示】

设图的顶点不超过 30 个，每个顶点用一个编号表示（如果一个图有 n 个顶点，则它们的编号分别为 $1,2,\cdots,n$）。通过输入图的全部边的信息建立一个图，每条边为一个数对，可以对边的顺序做出某种限制。注意，生成树的边是有向的，顶点顺序不能颠倒。

【选做内容】

（1）借助栈类型，用非递归算法实现图的深度优先遍历。

（2）以邻接表为存储结构，建立深度优先生成树和广度优先生成树，再按树形输出生成树。

（3）图的路径遍历要比顶点遍历具有更为广泛的应用。试写一个图的路径遍历算法，求从武汉到北京中途不经过郑州的所有简单路径及其里程。

7.3.2　教学计划编排问题

【问题描述】

大学的每个专业都要制订教学计划。假设任何专业都有固定的学习年限，每学年含两个学期，每学期的时间长度和学分上限值均相等。每个专业开设的课程都是确定的，而且课程开设时间的安排必须满足先修关系。每门课程有哪些先修课程是确定的，可以有任意多门，也可以没有。每门课恰好占一个学期。试在这样的前提下设计一个教学计划编排程序。

【基本要求】

（1）输入参数包括：学期总数、一学期的学分上限、每门课的课程号（固定为占 3 位的字母和数字串）、学分和直接先修课程的课程号。

（2）允许用户指定下列两种编排策略之一：一是使学生在各学期中的学习负担尽量均匀；二是使课程尽量地集中在前几个学期中。

（3）若根据给定的条件无解，则报告适当的信息；否则将教学计划输出到用户指定的文件中。教学计划的表格格式自行设计。

【测试数据】

学期总数：8；学分上限：10；该专业共开设 16 门课，课程号为 C01～C16，学分顺序为 2,3,4,3,2,3,4,4,4,5,4,4,2,3,2,3；先修关系自定义（画图）。

【实现提示】

可设学期总数不超过 10，课程总数不超过 60。如果输入的先修课程号不在该专业开设的课程序列中，则作为错误处理。应建立内部课程序号与课程号之间的对应关系。

【选做内容】

产生多种（如 5 种）不同的方案供用户选择，并使方案之间的差异尽可能的大。

7.3.3　最小生成树问题

【问题描述】

若要在 n 个城市之间建设通信网络，只需要架设通信线路即可。如何以最低的经济代价建设这个通信网，是一个网的最小生成树问题。

【基本要求】

（1）利用 Kruskal（克鲁斯卡尔）算法求网的最小生成树。

（2）利用 Prim（普里姆）算法求网的最小生成树。

（3）以文本形式输出生成树中各条边以及对应的权值。

【测试数据】

自行设计一个至少含 8 个顶点、12 条边的无向带权图。

【实现提示】

通信线路一旦建立，必然是双向的。因此，构造最小生成树的网一定是无向网。设图的顶点数不超过 30 个；并为简单起见，将网中边上的权值限定为不超过 100 的整数，它们可利用 C 语言提供的随机数函数产生。

图存储结构的选取应和所做的操作相适应。为了便于选取权值最小的边，此题的存储结构可以选择存储边（带权）的数组表示图。

【选做内容】

试利用堆排序的方法选择权值最小的边。

7.3.4　求图的中心顶点

【问题描述】

假设有一个公司在某个地区有 n 个产品销售点，现根据业务需要计划在其中某个销售点上建立一个中心仓库，负责向其他销售点供货。假设每天需要从中心仓库向每个销售点运输一次产品，那么中心仓库应建在哪个销售点上运输费用最低呢？这是一个求图的中心点的问题，试编制程序找到这个中心销售点。

【基本要求】

（1）建立一个顶点数不超过 20 的带权图；

（2）求出图中各顶点间的最短路径，并输出；

（3）求出每个顶点到其余各顶点中的最短路径，并输出；

（4）求出图的中心顶点并输出。

【实现提示】

（1）利用 Floyed 算法，求出各顶点之间的最短路径长度；

（2）利用 Dijkstra 算法求出每个顶点到其余各顶点的最短路径长度之和。

第 8 章 动态存储管理、查找、排序及其应用

动态存储管理要解决的基本问题是系统如何响应用户提出的分配内存请求，又如何回收用户不再使用而释放的内存，以备新的请求产生时重新进行内存分配。

查找又称检索，其目的是从确定的数据集合中找出满足条件的某个（或某些）特定的数据元素。若找到满足条件的记录（元素），则查找成功，否则查找失败。查找是数据结构中常用的基本运算之一。

排序是计算机程序设计中的一种重要的操作，其功能是将一个数据元素集合或任意序列，重新排列成一个按关键字有序的序列。在许多计算机应用领域（如计算机信息处理、数据库系统等）都要用到排序。

8.1 本章知识要点

8.1.1 动态存储管理

计算机内存在刚开始工作时，空闲部分是一个整块的连续区域，随着程序不断运行，历经多次申请和释放内存以后，空闲内存将不再连续，于是系统形成多个不连续的空闲区。

动态存储管理指系统根据用户程序申请空间的大小，随机地进行分配空间和回收不用空间所进行的内存管理。常用的内存管理方法有以下 3 种。

1. 可利用空间表及分配方法

动态分配内存的一种策略是：用户程序一旦运行结束，系统便将它所占内存区释放成为空闲块；同时，每当新的用户请求分配内存时，系统需要巡视整个内存区中所有空闲块，并从中找出一个合适的空闲块分配给它。由此，系统需要建立一张记录所有空闲块的可利用空间表，此表的结构可以是目录表，也可以是链表。如图 8-1 所示为某系统运行过程中的内存状态及其两种结构的可利用空间表。其中图 8-1（a）是内存状态图，图 8-1（b）是目录表，表中每个表目包括 3 项信息：起始地址、空闲块大小和使用情况，图 8-1（c）是链表，表中一个结点表示一个空闲块，系统每次进行分配或回收即为在可利用空间表中删除或插入一个结点。

由于可利用空间表中的结点大小不同，所以在分配时就存在如何分配的问题。假设某用户需要大小为 n 的内存，而可利用空间表中仅有一块大小为 $m \geqslant n$ 的空闲块，则只需要将其中大小为 n 的一部分分配给申请分配的用户，同时将剩余大小为 $m - n$ 的部分作为一个结点留在链表中。若可利用空间表中有若干不小于 n 的空闲块，则通常可有 3 种不同的分配策略。

（1）首次拟合法。

从表头指针开始查找可利用空间表，将找到的第 1 个大小不小于 n 的空闲块的一部分分配给用户。可利用空间表本身既不按结点的初始地址有序，也不按结点的大小有序。则在回

收时，只要将释放的空闲块插入链表的表头即可。例如，针对图8-1（c）的状态，有用户U进入系统并申请7 KB的内存，系统在可利用空间表中进行查询，发现第1个空闲块即满足要求，则将此块中大小为7 KB的一部分进行分配，剩余8 KB的空闲块仍在链表中，如图8-2（a）所示。图8-2（d）为分配给用户的占用块。

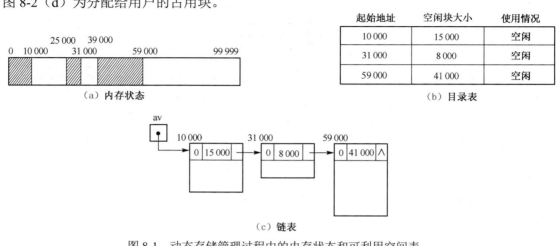

起始地址	空闲块大小	使用情况
10 000	15 000	空闲
31 000	8 000	空闲
59 000	41 000	空闲

（a）内存状态　　　　　　　　　　　　　　　　（b）目录表

（c）链表

图8-1　动态存储管理过程中的内存状态和可利用空间表

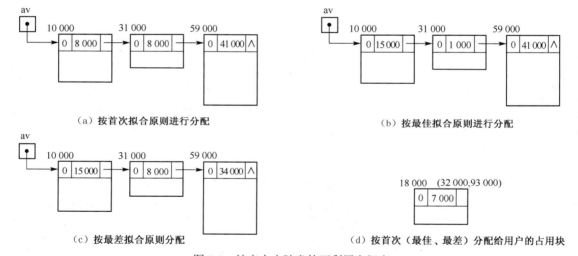

（a）按首次拟合原则进行分配　　　　　　　　　（b）按最佳拟合原则进行分配

（c）按最差拟合原则分配　　　　　　　　　　　（d）按首次（最佳、最差）分配给用户的占用块

图8-2　结点大小随意的可利用空间表

（2）最佳拟合法。

将可利用空间表中一个不小于n且最接近n的空闲块的一部分分配给用户。则系统在分配前首先要对可利用空间表从头到尾扫视一遍，然后从中找出一块不小于n且最接近n的空闲块进行分配。显然，在图8-1（c）的状态，系统应该将第2个空闲块的一部分分配给用户U，分配后的可利用空间表如图8-2（b）所示。在用最佳拟合法进行分配时，为了避免每次分配都要扫视整个链表，通常预先设定可利用空间表的结构按空间块的大小从小至大有序，由此，只需要找到第1块大于n的空闲块即可进行分配，但在回收时，必须将释放的空闲块插入合适的位置。

（3）最差拟合法。

将可利用空间表中不小于n且是链表中最大的空闲块的一部分分配给用户。例如，在图8-1（c）

的状态，应将大小为 41 KB 的空闲块中的一部分分配给用户，分配后的可利用空间表如图 8-2（c）所示。显然，为了节省时间，此时的可利用空间表的结构应按空闲块的大小从大至小有序。这样，每次分配无须查找，只需从链表中删除第 1 个结点，并将其中一部分分配给用户，而将剩余部分作为一个新的结点插入可利用空间表的适当位置。当然，在回收时也需要将释放的空闲块插入链表的适当位置。

上述 3 种分配策略各有所长，实际使用时需根据不同的应用场景采用不同的方法。

2．边界标识法

边界标识法是操作系统中用来进行动态分区分配的一种存储管理方法。系统将所有的空闲块链接在一个双重循环链表结构的可利用空间表中；分配可按首次拟合进行，也可按最佳拟合进行。系统的特点在于：在每个内存区的头部和底部两个边界上分别设有标识，以标识该区域为占用块或空闲块，使得在回收用户释放的空闲块时易于判别在物理位置上与其相邻的内存区域是否为空闲块，以便将所有地址连续的空闲存储区组合成一个尽可能大的空闲块。

（1）分配算法。

假设采取首次拟合法进行分配，则需解决以下两个问题。

① 假设待分配的内存空闲块容量为 m 个字，若每次分配只从中分配 n 个字（$n < m$）给用户，则剩余 $m-n$ 个字的结点仍留在表中。进行若干次分配后，链表中存在大量容量极小且分配不出去的空闲块。解决的办法是：确定一个常量 e，当 $m-n \leqslant e$ 时，就将容量为 m 的空闲块整块分配给用户，否则只分配其中 n 个字的块，同时为了避免修改指针，约定将该结点中的高地址部分分配给用户。

② 若每次分配都从同一结点开始查找，会使存储量小的结点密集在表头指针 pav 所指结点附近，这会增大寻找到较大空间块的时间。解决方法是，每次从不同的结点开始查找，可使剩余的小块均匀地分布在链表中。实现方法是，每次分配后，令表头指针 pav 指向刚进行过分配的结点的后继结点。

（2）回收算法。

用户释放占用块后，系统需立即回收，以备新的请求产生时进行再分配。为了使物理地址相邻的空闲块结合成一个尽可能大的结点，首先需要检查刚释放的占用块的左、右邻区是否为空闲块。若释放块的左、右邻区均为占用块，则只要将此新的空闲块作为一个结点插入可利用空间表即可；若只有左（右）邻区是空闲块，则应与左（右）邻区合并成一个结点；若左、右邻区都是空闲块，则应该将 3 块合起来成为一个结点留在可利用空间表中。

3．伙伴系统

伙伴系统是操作系统中用到的另一种动态存储管理方法。它和边界标识法类似，在用户提出申请时，分配一块大小恰当的内存区给用户；反之，在用户释放内存区时回收。与边界标识法不同的是：在伙伴系统中，无论是占用块还是空闲块，其大小均为 2^k KB（k 为某个正整数）。

8.1.2　查找

查找是根据给定的某个值，在待查记录中确定一个其关键字等于给定值的数据元素或记录的操作。若存在这样的记录，则称查找成功，此时的查找结果应给出找到记录的全部信息或指示找到记录的存储位置；若不存在关键字等于给定值的数据元素或记录，则称查找不成功，此时查找的结果可以给出一个空记录或空指针。若按主关键字查找，则查找结果是唯一的；若按次关键字查找，则结果可能是多个记录，即结果有可能不唯一。

查找是数据结构中常用的基本操作之一。线性表的查找有顺序查找、折半查找和分块查找等；非线性结构查找有二叉排序树查找与平衡二叉树查找等；通过函数映射的查找为哈希表查找或散列表查找。

1．顺序查找

顺序查找也称线性查找，是一种最简单的查找方法。顺序查找是从线性表的一端开始，顺序扫描线性表，并依次将扫描到的记录关键字与给定值 k 进行比较。若当前扫描到的记录关键字与 k 相等，则查找成功；若扫描结束后仍未找到关键字等于 k 的结点，则查找失败。

由于顺序查找方法是顺序地逐个进行记录关键字的比较，因此这种查找方法既适用于顺序存储的数据，也适用于链式存储的数据。

2．折半查找

折半查找是一种效率较高的查找技术，它要求待查的数据表必须按关键字的递增或递减顺序排列，即为有序表。折半查找首先用要查找的关键字 k 与中间位置的记录关键字进行比较，若相等，则查找成功；否则，这个中间位置把线性表划分成两个子表，且根据 k 与中间位置记录关键字的大小决定下一步查找哪一个子表。这样每次缩小一半查找范围进行比较，直至找到满足条件的记录关键字或确定该线性表中不存在与 k 相等的记录关键字。折半查找方法可以用递归或非递归方法实现。

3．分块查找

分块查找又称索引顺序查找，是一种介于顺序查找与折半查找之间的查找方法。分块查找要求数据元素的关键字在块之间是有序的，而在块内有序或无序均可。

分块查找首先要建立一个索引表，索引表须按关键字有序，存放的内容是各块中最大的关键字值及其对应记录的起始位置。

分块查找的查找过程是：首先依据给定的值在索引表中检索，以确定待检索的记录属于哪一块，然后在此块内进行顺序查找。

4．二叉排序树查找

二叉排序树可以看成一个有序表。在二叉排序树中，左子树上所有记录的关键字值均小于根结点的关键字值，右子树上所有记录的关键字值均大于或等于根结点的关键字值，因此在二叉排序树上进行查找与折半查找相类似。

二叉排序树查找的过程是：若二叉排序树非空，则将关键字 k 与根结点的记录关键字相比较，若相等，则查找成功，若不相等，则当根结点的关键字值大于 k 时，到根的左子树去继续查找，否则到根的右子树去继续查找。由此可看出，二叉排序树查找的过程是一个递归过程。

5．平衡二叉树查找

平衡二叉树（又称 AVL 树）或者是一棵空树，或者具有如下性质：它的左子树和右子树都是平衡二叉树，左子树和右子树深度之差的绝对值不超过 1。

二叉排序树查找是查找结点关键字是否等于给定值 k 的过程，若查找成功，则恰好走了一条从根结点到该结点的路径，当二叉排序树形态均匀时性能最好。如果二叉排序树形态为单枝树，则其性能退回与顺序查找相同。因此，二叉排序树最好是一种平衡二叉树。在平衡二叉树上的查找称为平衡二叉树查找。在平衡二叉树上进行的查找过程与二叉排序树相同。

6．哈希（Hash）表查找

前面介绍的几种查找方法的共同特点是：记录在存储结构中的相对位置是随机的，因为如果查找成功，查找过程中要通过一系列的关键字比较才能确定待查记录在存储结构中的位置，所以这类查找都是以关键字的比较为基础的。

而哈希表查找则不同，它是通过一个函数（称为哈希函数）来实现查找的。该函数以记录的关键字为自变量，函数值即为记录的存储地址。生成哈希表时就把记录逐一存放到相应函数地址的存储单元中。当需要查找时，理想的状态是通过用同一哈希函数计算得到待查记录的存储地址，从而得到所求信息。

哈希表是一种重要的存储方法，也是一种重要的查找方法。该方法有可能将不同的记录通过哈希函数映射到同一个地址上，这种现象称为冲突。处理冲突的方法有开放地址法、链地址法等。哈希函数的构造方法有：直接定址法、数字分析法、平方取中法、除留余数法等。

8.1.3　排序

排序是计算机程序设计中的一种重要操作，它的功能是将一组数据元素（或记录）的任意序列，重新排列成一个按关键字有序的序列。

如果待排序的记录数量不大，可直接在计算机主存储器中进行的排序称为内部排序；而在排序过程中需要对外存进行访问的排序称为外部排序。

待排序的记录序列可以有以下 3 种存储方式。

（1）待排序的记录存放在地址连续的一组存储单元中，在序列中相邻的两个记录的存储位置也相邻，即记录之间的次序关系由存储位置决定，实现排序必须借助移动记录。

（2）待排序的记录存放在静态链表中，记录间的次序关系由指针指示，实现排序可以不需要移动记录，仅需修改指针即可。

（3）待排序记录本身存放在一组地址连续的存储单元中，另设一个指示各个记录存储位置的地址向量，在排序过程中不移动记录本身，而只移动地址向量中这些记录的地址。

在第（2）种存储方式下实现的排序又称表（链）排序，在第（3）种存储方式下实现的排序又称地址排序。在第（1）种存储方式下，按排序的策略不同可将内部排序划分为插入排序、交换排序、选择排序、归并排序和基数排序 5 种类型。以下选取 4 种类型进行介绍。

1．插入排序

（1）直接插入排序。其基本操作是，将一个记录插入一个已排好序的有序表中，从而得到一个新的、记录数增 1 的有序表。

（2）折半插入排序。在插入排序的查找过程中，利用折半查找法来实现查找的插入排序。

（3）希尔排序。希尔排序又称缩小增量排序，其基本思想是，先将整个待排记录序列分割成若干子序列分别进行直接插入排序，待整个序列中的记录基本有序时，再对全体记录进行一次直接插入排序。

2．交换排序

（1）冒泡排序。算法思想是，对含有 n 个记录的表 r，从前至后依次两两比较关键字值，若为逆序，则交换两记录的位置，直至得到一个关键字最大的记录 $r[n]$，称为第 1 趟冒泡排序；对余下的前 $n-1$ 个记录的表，再从前至后依次两两比较、交换，重新安排存放顺序，得到一个关键字次大的记录 $r[n-1]$，第 2 趟冒泡排序结束；如此重复，进行 k（$1 \leqslant k \leqslant n-1$）趟冒泡后，$n$ 个记录即成为按关键字由小至大排列有序的表。

（2）快速排序。算法思想是，在待排记录序列中，任取其中一个记录（常选第 1 个记录），以该记录的关键字为界，经过一趟排序后，所有关键字比它小的记录都交换到它的前面，而比它大的交换到它的后面；然后再分别对这前、后两部分记录重复上述过程，直到整个序列有序。

快速排序被认为是平均性能最好的一种排序方法，但快速排序需要栈空间来实现递归。

3．选择排序

选择排序的基本思想是，每一趟从待排序列中选取一个关键字最小的记录，即第 1 趟从 n 个记录中选取关键字最小的记录作为第 1 个记录，第 2 趟从剩下的 $n-1$ 个记录中选取关键字最小的记录作为第 2 个记录，直到整个序列的记录选完。这样，由选取记录的顺序，便得到按关键字有序的序列。

（1）简单选择排序。算法思想是，第 1 趟，从 n 个记录中找出关键字最小的记录与第 1 个记录交换；第 2 趟，从第 2 个记录开始的 $n-1$ 个记录中再选出关键字最小的记录与第 2 个记录交换；以此类推，第 i 趟，则从第 i 个记录开始的 $n-i+1$ 个记录中选出关键字最小的记录与第 i 个记录交换，直到整个序列按关键字有序。

（2）堆排序。设有 n 个元素序列 $k_1, k_2, \cdots, k_n$，当且仅当满足下述关系之一时，称之为堆。

$$\begin{cases} k_i \leqslant k_{2i} \\ k_i \leqslant k_{2i+1} \end{cases} \quad \text{或} \quad \begin{cases} k_i \geqslant k_{2i} \\ k_i \geqslant k_{2i+1} \end{cases} \quad (i = 1, 2, \cdots, [n/2])$$

若以一维数组存储一个堆，则堆对应一棵完全二叉树，且所有非终端结点的值均不大于（或不小于）其子女的值。因此，若序列 $\{k_1, k_2, \cdots, k_n\}$ 是堆，则堆顶元素（根结点）的值是最小（或最大）的。大顶堆、小顶堆示例如图 8-3 所示。

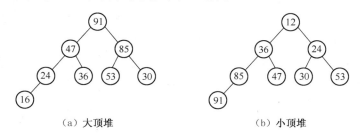

（a）大顶堆　　　　　　（b）小顶堆

图 8-3　两个堆示例

设有 n 个元素，将其按关键字排序。首先将这 n 个元素按关键字建成堆，将堆顶元素输出，得到 n 个元素中关键字最小（或最大）的元素。然后，再对剩下的 $n-1$ 个元素建堆，输出堆顶元素，得到 n 个元素中关键字次小（或次大）的元素。如此反复，便得到一个按关键字有序的序列。称这个过程为堆排序。

4．基数排序

基数排序和前面所述各类排序方法完全不同，它不需要进行记录关键字间的比较。基数排序是一种借助多关键字排序的思想，将单关键字按基数分成多关键字进行排序的方法。

链式基数排序方法是将关键字拆分为若干项，每项作为一个关键字，则对单关键字的排序可按多关键字排序方法进行。比如，关键字为 4 位的整数，可以将每位看成一个关键字，拆分成 4 项；又如，关键字由 5 个字符组成的字符串，可以将每个字符作为一个关键字。由于这样拆分后，每个关键字都在相同的范围内（数字是 0～9，字符是'a'～'z'），因此称这样的关键字可能出现的符号个数为基，记作 RADIX。上述取数字为关键字的基为 10，取字符为关键字的基为 26。基于这一特性，用 LSD（最低位优先）法排序较为方便。

基数排序是从最低位关键字起，按关键字的不同值将序列中的记录分配到 RADIX 个队列中，然后再收集它。如此重复 d（拆分的"关键字"个数）次即可。链式基数排序是用 RADIX 个链队列作为分配队列，关键字相同的记录存入同一个链队列，收集则是将各链队列按关键字大小顺序链接起来。

8.2　"模拟动态存储管理演示系统"的设计与实现

8.2.1　设计要求

（演示视频）

1．问题描述

试编写一个演示系统，模拟使用首次拟合法、最佳拟合法、最差拟合法进行分配和回收内存前、后的内存空间状态变化。

2．需求分析

（1）程序不断地从终端读取用户对存储空间的请求。应设置一个标识，用于判断用户此刻是申请还是归还存储空间，从而做出相应的处理，并显示处理之后的系统状态。

（2）系统状态由占用表和空闲表构成。显示系统状态意味着显示占用表中各块的起始地址和长度，以及空闲表中各种大小的空闲块的起始地址和长度。

（3）为保证系统安全运行，空闲块不宜过小，应该对最小值有所限制。

（4）需要定义可利用空间表的数据结构，可采用目录表或链表结构。

8.2.2　概要设计

为了实现以上功能，首先要考虑以下几个方面。

1．存储结构设计

采用链表结构表示可利用空间表，此链表结构定义为：

```
typedef struct Lnode
{//可利用空间表结点结构
    int     size;          //块的大小
    int     start_addr;    //块的起始地址
    struct Lnode *next;
}Lnode,*free_block_type;
```

2．系统功能设计

本系统通过用户创建或终止进程的方式来分配或回收内存。通过菜单提示用户选择首次拟合法、最佳拟合法和最差拟合法中的一种内存管理方法来完成相应的处理，并显示处理之后的系统状态。主要实现以下功能。

（1）分配内存空间。由函数 allocate_mem 实现。若有足够的内存空间，则调用用户选择的内存管理方法对用户创建的进程进行内存空间的分配；若没有足够的内存空间，则采用内存紧缩技术，进行空闲分区的合并，然后再分配；若空闲分区合并后仍没有充足的内存空间，则提示用户"内存空间不足!"。

（2）归还内存空间。由函数 free_mem 实现，将指针 ab 表示的已分配内存区归还，并进行可能的合并，以便下一次分配。

（3）显示内存使用情况。由函数 OutPut_freeblock 实现，以表形式输出内存的使用情况。

8.2.3　模块设计

1．系统模块设计

本系统包含 3 个模块：主程序模块、进程操作模块、内存管理模块。调用关系如图 8-4 所示。

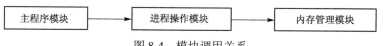

图 8-4　模块调用关系

2．系统子程序及功能设计

本系统共设置 20 个子程序，各子程序的函数名及功能说明如下。

```
（1）void init_free_block()                    //初始化空闲块
（2）int set_mem_size()                        //设置内存块的大小
（3）void adjust_ab(free_block_type temp)      //调整已分配结点的地址
（4）void narrow_space(int required_space)     //内存紧缩函数，调用（3）
（5）int allocate_mem(allocated_block* ab_temp)
                                //分配内存空间，调用（4）（8）（18）
（6）int new_process()                         //创建新的进程，调用（5）（11）
（7）allocated_block *find_process(int pid)    //查找指定 pid 的结点
（8）void Combine_FreeNode()                   //判断并合并结点
（9）int free_mem(allocated_block_type ab_pre,allocated_block_type ab_temp)
//归还内存空间，归还 ab 所表示的已分配区，并进行可能的合并，调用（12）（18）
（10）int kill_process()                       //终止进程，归还分配的存储空间，调用（7）（9）
（11）void Sort_byAdrr()                       //已分配链表排序算法，按地址排序
（12）void FF()                                //首次拟合法
（13）void BF()                                //最佳拟合法
（14）void WF()                                //最差拟合法
（15）void OutPut_freeblock()                  //显示内存使用情况，内存状态输出函数
（16）void display_menu()                      //显示主菜单
（17）void set_algorithm()                     //输出子菜单，用于设置内存管理方法
（18）void rearrange()    //按指定的算法整理内存空闲块链表，调用（12）（13）（14）
（19）void ListDestory()                       //销毁链表空间
（20）void main()                              //主函数
```

3. 函数主要调用关系图

模拟动态存储管理演示系统的 20 个子程序之间的主要调用关系如图 8-5 所示。图中数字是各函数的编号。

8.2.4　详细设计

1. 数据类型定义

可利用空间表定义如下：

```
typedef struct Lnode
{
    int  size;
    int  start_addr;
    struct Lnode *next;
}Lnode,*free_block_type;
```

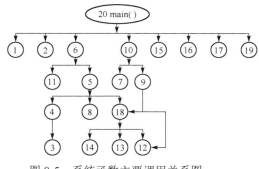

图 8-5　系统函数主要调用关系图

本系统约定用户通过创建或终止进程的方式来请求申请或归还内存，分配给每个进程的内存块定义如下：

```
typedef struct allocated_block
{// 申请或归还内存块定义
    int   pid;                              //块号
    int   size;                             //块大小
    int   start_addr;                       //块的起始地址
    char   process_name[PROCESS_NAME_LEN];  //进程名
    struct allocated_block   *next;
}allocated_block,*allocated_block_type;
```

2. 系统主要子程序详细设计

（1）主函数模块设计。

```
void main()
{
    int num;
    初始化空闲块；
    初始化分配区；
    设置内存块大小；
    显示设置内存管理方子菜单；
    while (1)
    {
        显示菜单；
        switch(num);
        调用相应函数执行相应操作；
        输出操作结果；
    }
}
```

（2）分配内存空间。

```
int allocate_mem(allocated_block* ab_temp)
{   //在成功分配内存后，应保持空闲分区按照相应算法有序
    //若分配成功，则返回 1，否则返回-1
```

```
Lnode  *fbt,*pre;
int  sum_space=0;                //保存零散空间的总和
int  request_size=ab_temp->size;
label:
fbt=fb->next;
pre=fb;                //根据当前算法在空闲分区链表中搜索合适空闲分区，并进行分配
if(mem_size>=request_size)  //判断申请空间与剩余可用空间的大小关系
{
    while(fbt!=NULL)
    {
        if ( fbt->size>request_size && (fbt->size-request_size)>MIN_SLICE)
        {  //情况1：找到可满足空闲分区且分配后剩余空间足够大，则分配
            ab_temp->start_addr = fbt->start_addr;
            fbt->size = fbt->size-request_size; //重新计算剩余空间大小
            fbt->start_addr = fbt->start_addr+request_size;
            //重新计算起始地址
            mem_size = mem_size-request_size;
            rearrange();                //按所选择算法调整空闲列的顺序
            return 1;
        }
        else if(fbt->size>request_size && (fbt->size-request_size)
                <= MIN_SLICE)
        {   //情况2：找到可满足空闲分区，但分配后剩余空间比较小，则一起分配
            mem_size = mem_size-fbt->size;                //修改剩余空间
            ab_temp->start_addr = fbt->start_addr;
            if(fbt->next!=NULL)
            {
                pre->next = fbt->next;  free(fbt);
            }
            else
            {
                free(fbt);  pre->next = NULL;
                fbt=pre;
            }
            rearrange();                //按所选择算法调整空闲列的顺序
            return 1;
        } //end_else if
        fbt=fbt->next;                //本次循环没找到合适空间，指针移动
        if(fbt!=pre) pre = pre->next;
    }//end_while
    //情况3：采用内存紧缩技术，进行空闲分区的合并，然后再分配
    narrow_space(request_size);
    Combine_FreeNode();                //合并可以合并的结点
    goto label;
}//endif
else                                //空间不足，返回-1
{
    printf("内存空间不足!\n");  return -1;
}
}endallocate_mem
```

（3）归还内存空间。

```
int free_mem(allocated_block_type ab_pre,allocated_block_type ab_temp)
{    //若归还成功，返回1，否则返回-1
    int algorithm = ma_algorithm;
    free_block_type temp_fbt;
    allocated_block_type temp;
    temp_fbt=(free_block_type) malloc(sizeof(Lnode));
    if(temp_fbt==NULL)  return -1;
    //进行可能的合并，基本策略如下
    temp_fbt->size = ab_temp->size;       //第1步：将新释放的结点插入空闲块队列末尾
    temp_fbt->start_addr = ab_temp->start_addr;
    temp_fbt->next = fb->next;
    fb->next = temp_fbt;
    mem_size += ab_temp->size;        //更新空闲分区总数
    temp = ab_temp;
    ab_pre->next = ab_temp->next;
    free(temp);                       //从已分配链表中删除，ab_pre为当前结点的前驱
    FF();                             //第2步：对空闲链表按照地址有序排列
    Combine_FreeNode();               //第3步：检查并合并相邻的空闲分区
    rearrange();                      //第4步：将空闲链表重新按照当前算法排序
    return 1;
}
```

（4）显示内存使用情况，内存状态输出函数。

```
void OutPut_freeblock()
{    //以列表方式输出当前的内存状态
    Lnode *p;
    allocated_block *r;
    p = fb->next;
    printf("\t===============空闲块===============\n");
    printf("\t*********************************\n");
    printf("\t起始地址    结束地址    大小 \n");      //打印表头
    while(p)
    {    //控制格式依次输出
        printf ("%11d%11d%11d \n",p->start_addr,p->start_addr+p->size-1,
                p->size);
        p=p->next;                                //指向下一个结点
    }
    printf("\n\n\t===============占用块===============\n");
    printf("\t*********************************\n");
    printf("\t起始地址    结束地址    大小    结点\n");      //打印表头
    r = ab->next;
    while(r)
    {    //控制格式依次输出
        printf("%11d%11d%11d%9d \n",r->start_addr,r->start_addr+r->
                size-1, r->size,r->pid);
        r=r->next;                                //指向下一个结点
    }
}
```

8.2.5　测试分析

系统运行后提示用户设置内存块的大小。为了保证系统安全运行，空闲内存块不宜过小，系统中约定最小值为 11 字节。如图 8-6 所示。

图 8-6　设置内存块的大小

用户输入 500 并按回车键，进入设置内存管理方法子菜单。如图 8-7 所示。

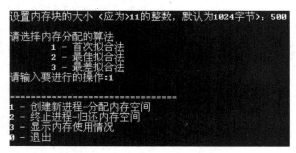

图 8-7　设置内存管理方法

用户输入 1 按回车键，选择首次拟合法对内存进行管理。存储管理主菜单如图 8-8 所示。

图 8-8　存储管理主菜单

用户输入 1 并按回车键，创建新进程。系统提示用户输入此进程请求分配的内存块大小，如图 8-9 所示。

图 8-9　创建新进程

用户输入 300 并按回车键，为第 01 个进程申请 300 字节的内存块。系统分配 300 字节给第 01 个进程，并返回主菜单，如图 8-10 所示。

图 8-10　分配内存空间

用户输入 1 并按回车键，再次创建新进程。系统提示用户输入此进程请求分配的内存块大小，如图 8-11 所示。

图 8-11　再次创建新进程

用户输入 300 并按回车键，为第 02 个进程申请 300 字节的内存块。由于剩余空闲块（200字节）不够此次分配，因此系统提示"内存空间不足！"，并返回主菜单，如图 8-12 所示。

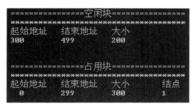

图 8-12　分配内存失败

用户输入 3 并按回车键，查看内存使用情况。系统以表形式输出当前空闲块和占用块情况，如图 8-13 所示。

用户输入 2 并按回车键，请求终止进程，并归还内存空间。系统提示用户输入要终止的进程号，如图 8-14 所示。

图 8-13　内存使用情况 　　　　　　　　　　　图 8-14　输入要终止的进程号

用户输入 01 并按回车键，请求终止第 01 个进程。系统提示"归还内存空间成功！"，如图 8-15 所示。

用户输入 3 并按回车键，查看内存使用情况。系统以表形式输出当前空闲块和占用块情况。由于用户之前创建的唯一一个进程已经成功终止了，所以没有占用块，如图 8-16 所示。

图 8-15　归还内存空间成功 　　　　　　　　　图 8-16　内存使用情况

用户输入 0 并按回车键，退出系统。

本系统还可用于测试首次拟合法、最佳拟合法和最差拟合法在存储管理时选择空闲块的差异，请读者自行测试。

8.2.6　源程序清单

```c
#include <stdio.h>
#include <stdlib.h>
#include <conio.h>
#define PROCESS_NAME_LEN 32          //进程名长度
#define MIN_SLICE 10                 //最小碎片的大小
#define DEFAULT_MEM_SIZE 1024        //内存块大小
#define DEFAULT_MEM_START 0          //起始位置
// 内存管理方法
#define MA_FF 1                      //首次拟合法
#define MA_BF 2                      //最佳拟合法
#define MA_WF 3                      //最差拟合法
// 全局变量
int algorithm;
int flag=0;
```

```
int mem_size=DEFAULT_MEM_SIZE;              //内存块大小
int ma_algorithm = MA_FF;                   //当前分配算法
static int pid = 0;
typedef struct Lnode
{//可利用空间表的链表结构描述
    int size;
    int start_addr;
    struct Lnode *next;
}Lnode,*free_block_type;
typedef struct allocated_block
{//分配给每个进程的内存块的描述
    int pid;
   int size;
    int start_addr;
    char process_name[PROCESS_NAME_LEN];
    struct allocated_block *next;
}allocated_block,*allocated_block_type;
free_block_type fb;                         //空闲链指针
allocated_block_type ab,ab_tail;            //已分配链指针
void Combine_FreeNode();
void Sort_byAdrr();
void rearrange();
void FF();
//1.初始化空闲块
void init_free_block()
{   //空闲块默认为一块,可以指定大小及起始地址
    free_block_type fb_temp;
    fb=(free_block_type)malloc(sizeof(Lnode));
    fb->next = NULL;                        //初始化next指针
    fb_temp=(free_block_type)malloc(sizeof(Lnode));
    if(fb_temp==NULL)                       //动态内存分配失败
    {
        printf("无法初始化,设置失败! \n");  return;
    }
    fb_temp->size = DEFAULT_MEM_SIZE;       //默认内存块大小
    fb_temp->start_addr = DEFAULT_MEM_START;
    fb_temp->next = fb->next;
    fb->next = fb_temp;
}
//2.设置内存块的大小
int set_mem_size()
{   //设置供程序使用的内存块大小,设置成功,返回1
    int size;
    if(flag!=0)
    {   //防止重复设置
        printf ("不能重复设置内存块大小\n");
        return 0;
    }
    printf("设置内存块的大小(应为>11的整数,默认为%d字节): ", DEFAULT_MEM_SIZE);
    scanf("%d", &size);
```

```
        if(size>0)
        {   mem_size = size;                        //设置内存块大小
            fb->next->size=size;                    //设置内存块大小
        }
        flag = 1;                                   //表明内存块大小已设置
        return 1;
}//end set_mem_size
//3. 调整已分配结点的地址
void adjust_ab(free_block_type temp)
{   //调整占用块结点的地址，使它位于供程序使用的内存块中
    allocated_block_type abt;                   //占用块结点类型
    abt = ab->next;                             //初始化
    while(abt!=NULL)
    {
        if(abt->start_addr >= temp->start_addr && abt->start_addr <
            temp->size+temp->start_addr)
        { //若占用块结点位于供程序使用的内存块之前
            abt->start_addr += temp->size; //占用块向后移动
            abt = abt->next;                    //调整占用块的 next 指针
        }
        else
            abt = abt->next;
        if( abt==NULL || abt->start_addr > temp->size + temp->start_addr)
            return;        //溢出
    }
}
//4. 内存紧缩函数
void narrow_space(int required_space)
{
    free_block_type fbt,pre;
    int sum_space=0;
    pre = fb->next;
    fbt = pre->next;
    while(fbt!=NULL && required_space>sum_space)
    {
        fbt->start_addr = pre->start_addr+pre->size;  //移动空闲链表的地址
        sum_space += fbt->size;
        adjust_ab(fbt);                             //调整已分配内存空间的地址
        fbt = fbt->next;
    }
}
//5. 分配内存空间
int allocate_mem(allocated_block* ab_temp)      //源代码参见：8.2.4 详细设计 2.(2)
//6. 创建新的进程
int new_process()
{   //创建新的进程，主要是获取内存的申请数量
    allocated_block *ab_temp;
    int size, ret;
```

```
        ab_temp =(allocated_block_type)malloc(sizeof(allocated_block));
        if(!ab)   exit(-5);
        ab_temp->next = NULL;
        pid++;
        sprintf(ab_temp->process_name, "第%02d个进程", pid);  //将字符串格式化
        ab_temp->pid = pid;
        //提示某个进程正申请占用内存
        printf("%s申请占用内存空间...\n请输入此内存块的大小(若有空闲块，请保证此空
                闲块的大小>10):", ab_temp->process_name);
        scanf("%d", &size);                        //输入新进程申请占用内存块的大小
        if(size>0)   ab_temp->size=size;           //分配此大小的空间
        ret = allocate_mem(ab_temp);               //从空闲区分配内存
        if(ret==1)                                 //分配成功
        {   //将该已分配块的描述插入已分配链表
            ab_temp->next = ab->next;
            ab->next = ab_temp;
            Sort_byAdrr();                         //调整分配队列的顺序
            return 2;
        }
        else                                       //分配不成功
        {
            printf("分配内存失败\n");
            free(ab_temp);                         //释放临时结点
            return -1;
        }
        return 3;
}//end new_process
//7. 查找指定pid的结点
allocated_block *find_process(int pid)
{   //编号用参数pid表示
    allocated_block *ab_temp;
    ab_temp = ab;
    while(ab_temp->next != NULL)                //若后继结点不为空，则依次向后查找
    {
        if(ab_temp->next->pid==pid)
            return ab_temp;                    //返回的是目标结点的前一个结点
        ab_temp=ab_temp->next;                 //向后移动，并判断
    }
    return NULL;
}
//8. 判断并合并结点
void Combine_FreeNode()
{   //合并空闲结点p和r
    free_block_type p, r, mark;
    p=fb->next;
    r=fb;
    while(p->next!=NULL)
    {
```

```
            if(p->start_addr+p->size == p->next->start_addr)
            {    //两空闲结点地址相邻的情况，需要合并
                mark=p;
                p->next->size += p->size;
                p->next->start_addr = p->start_addr;
                r->next = p->next;
                p = p->next;
                free(mark);
            }
            else                                  //不需要合并
            {
                p=p->next;  r=r->next;
            }
            if(p==NULL)  return;
    }
}//end Combine_FreeNode
//9. 归还内存空间，归还 ab 所表示的已分配区，并进行可能的合并
int free_mem(allocated_block_type ab_pre,allocated_block_type ab_temp)
                                    //源代码参见：8.2.4 详细设计 2.(3)
//10. 终止进程
int kill_process()
{    //归还分配的存储空间，并删除描述该进程内存分配的结点
    allocated_block  *ab_temp;
    int pid;
    printf("您想终止第几个进程? ");
    scanf("%d",&pid);
    ab_temp = find_process(pid);        //找到目标结点的前驱结点
    if(ab_temp != NULL)                 //释放结点数据结构，归还内存空间
    {
        free_mem(ab_temp,ab_temp->next);
        printf("归还内存空间成功!\n");
    }
    else  printf("无此进程!\n");
    return 1;
}
//11. 已分配链表排序算法，按地址排序
void Sort_byAdrr()
{
    int flag=1;                        //循环标志位
    allocated_block *p,*b,*temp;
    while(flag)                        //若链表没有被修改，则退出循环，排序结束
    {
        p=ab->next;
        b=ab;
        flag=0;
        while(p->next!=NULL)
        {
            if(p->start_addr > p->next->start_addr)
```

```
            {
                temp = p->next;
                p->next = temp->next;
                temp->next = p;
                b->next = temp;
                b = temp;
                flag = 1;                      //若链表顺序修改，则置 flag 为 1
            }
            else
            {
                p=p->next;  b=b->next;
            }
        } //endwhile(p->next!=NULL)
    } //endwhile(flag)
} //endSort_byAdr
//12．首次拟合法
void FF()
{
    int flag=1;                    //循环标志位
    Lnode *p,*b,*temp;
    while(flag)                            //若链表没有被修改，则退出循环，排序结束
    {
        p=fb->next;
        b=fb;
        flag=0;
        while(p->next!=NULL)
        {
            if(p->start_addr > p->next->start_addr)
            {
                temp=p->next;
                p->next=temp->next;
                temp->next=p;
                b->next=temp;
                b=temp;
                flag=1;                //若链表顺序修改，则置 flag 为 1
            }
            else
            {
                p=p->next;  b=b->next;
            }
        }//endwhile(p->next!=NULL)
    }//endwhile(flag)
}
//13．最佳拟合法
void BF()
{
    int flag=1;                          //循环标志位
    Lnode *p,*b,*temp;
    while(flag)                          //若链表没有被修改，则退出循环，排序结束
```

```
    {
        p=fb->next;
        b=fb;
        flag=0;
        while(p->next!=NULL)
        {
            if(p->size > p->next->size)
            {
                temp=p->next;
                p->next=temp->next;
                temp->next=p;
                b->next=temp;
                b=temp;
                flag=1;                    //若链表顺序修改, 则置 flag 为 1
            }
            else
            {   p=p->next;
                b=b->next;
            }
        }
    }//endwhile(flag)
} //end_BF
//14. 最差拟合法
void WF()
{
    int flag=1;                      //循环标志位
    Lnode *p,*b,*temp;
    while(flag)                      //若链表没有被修改, 则退出循环, 排序结束
    {   p=fb->next;
        b=fb;
        flag=0;
        while(p->next!=NULL)
        {
            if(p->size < p->next->size)
            {   temp=p->next;
                p->next=temp->next;
                temp->next=p;
                b->next=temp;
                b=temp;
                flag=1;                    //若链表顺序修改, 则置 flag 为 1
            }
            else
            {   p=p->next;
                b=b->next;
            }
        }
    }//endwhile(flag)
}//end_WF
//15. 显示内存使用情况, 内存状态输出函数
```

```
void OutPut_freeblock()                      //源代码参见：8.2.4 详细设计 2.(4)
//16. 显示主菜单
void display_menu()
{
    printf( "\n================================\n");
    printf( "1 - 创建新进程-分配内存空间 \n");
    printf( "2 - 终止进程-归还内存空间 \n");
    printf( "3 - 显示内存使用情况 \n");
    printf( "0 - 退出\n");
    printf( "请输入要进行的操作:");
}
//17. 输出子菜单，用于设置内存管理方法
void set_algorithm()
{   //指定空闲区排序算法
    printf( "\n 请选择内存分配的算法  \n");
    printf( "\t1 - 首次拟合法  \n");
    printf( "\t2 - 最佳拟合法  \n");
    printf( "\t3 - 最差拟合法  \n");
    printf( "请输入要进行的操作:  ");
    scanf("%d", &algorithm);          //algorithm 为全局变量，保存选择算法的序号
}
//18. 按指定的算法整理内存空闲块链表
void rearrange()
{
    switch(algorithm)                 //algorithm 为全局变量，保存选择算法的序号
    {
        case MA_FF:  FF();  break;        //利用首次拟合法分配内存
        case MA_BF:  BF();  break;        //利用最佳拟合法分配内存
        case MA_WF:  WF();  break;        //利用最差拟合法分配内存
    }
}
//19. 销毁链表空间
void ListDestory()
{
    Lnode *p;                         //链表结点
    allocated_block *r;               //占用块
    p=fb->next;
    while(p)                          //删除结点 p
    {
        fb->next = p->next;               //暂存 p 的 next 指针
        free(p);                          //释放结点 p 所占内存空间
        p = fb->next;
    }
    r = ab->next;
    while(r)
    {
        ab->next = r->next;               //暂存 r 的 next 指针
        free(r);                          //释放结点 r 所占内存空间
        r = ab->next;
```

```
        }//endwhile
    }//endListDestory
    //20. 主函数
    void main()
    {
        int num=0;
        init_free_block();                          //初始化空闲区
        (ab)=(allocated_block_type)malloc(sizeof(allocated_block));
        (ab)->next=NULL;                            //初始化分配区
        ab_tail=ab;
        set_mem_size();                             //设置内存块大小
        set_algorithm();
        while(1)
        {
            display_menu();                         //显示菜单
            scanf("%d",&num);
            system("cls");
            switch(num)
            {
                case 1:  new_process(); break;      //创建新进程–分配内存空间
                case 2:  kill_process(); break;     //销毁进程–归还内存空间
                case 3:  OutPut_freeblock();  break;  //显示内存状态
                case 0:  ListDestory(); return; break;//销毁链表，退出
                default:  break;
            }
        }
    }
```

8.2.7　用户手册

（1）本程序执行文件为"模拟动态存储管理演示系统.exe"。

（2）进入本系统之后，根据提示输入数据。

8.3　"航班信息查询与检索系统"的设计与实现

8.3.1　设计要求

（演示视频）

1. 问题描述

设计一个航班信息查询与检索系统。

2. 需求分析

（1）每条航班记录包括 8 项：航班号、起点站、终点站、航班期、起飞时间、到达时间、机型、票价；

（2）按不同的关键字对用户指定的航班信息进行查询与检索；

（3）要有输入和输出模块。

8.3.2　概要设计

1．存储结构设计

航班记录结构描述如下：

```
typedef struct
{
    char start[6];      //起点站
    char end[6];        //终点站
    char sche[6];       //航班期
    char time1[6];      //起飞时间
    char time2[6];      //到达时间
    char model[3];      //机型
    int price;          //票价
}InfoType;
```

2．系统功能设计

本系统需要实现航班信息的录入和按不同关键字的查询，并显示查询结果。在程序中，分别以航班号、起点站、终点站、起飞时间和到达时间为关键字，使用顺序查找法或折半查找法对航班记录进行查询。而在查找之前，需要对关键字进行排序，所以本系统还涉及排序的算法。主要实现以下功能。

（1）航班信息录入。由函数 InputData 实现。为了加大难度，系统约定主关键字"航班号"由 2 位字符加 4 位数字组成，所以在录入航班信息之后，要校验航班号输入是否合法，校验操作由函数 Check_HangBanHao 实现。

（2）航班信息查询与检索。由函数 searchcon 实现。此函数根据用户选择的关键字调用顺序查找法或折半查找法对航班信息进行查询。顺序查找法由函数 SeqSearch 实现；折半查找法由函数 BinSearch 实现。

（3）输出航班信息。由函数 Display 实现。它调用调整格式对齐函数 DisplayStyle 以表形式输出航班信息。

8.3.3　模块设计

1．系统模块设计

本程序包含 3 个模块：主程序模块、航班信息查询与检索模块、关键字排序模块。其调用关系如图 8-17 所示。

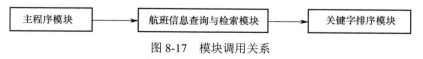

图 8-17　模块调用关系

2．系统子程序及功能设计

本系统共设置 15 个子程序，各子程序的函数名及功能说明如下。

（1）void Distribute(SLNode *sl, int i, int *f, int *e)　//数字字符分配函数

（2）void Collect(SLNode *sl, ArrType_n f, ArrType_n e) //数字字符收集函数
（3）void Distribute_c(SLNode *sl, int i, int *f, int *e)
　　　　　　　　　　　　　　　　　　　　　　　　//字母字符分配函数
（4）void Collect_c(SLNode *sl, ArrType_c f, ArrType_c e) //字母字符收集函数
（5）void RadixSort(SLList *L)　　　　　　　　　//链式基数排序函数，调用（1）～（4）
（6）void Arrange(SLList *L)　　　　　　　　　　//按指针链整理线性表
（7）int BinSearch(SLList L, KeyType key[])　　　　　　//折半查找函数
（8）void SeqSearch(SLList L, KeyType key[],int i)　　　//顺序查找函数，调用（9）
（9）void Display(SLList L, int i)　　　　　　　//打印班次信息函数，调用（10）
（10）void DisplayStyle(int i, char *s)　　　　　//调整格式对齐函数
（11）void searchcon(SLList L)　　　　　//查找交互界面函数，调用（7）～（9）和（12）（13）
（12）void Prompt()　　　　　　　　　　　　//显示主菜单函数
（13）bool InputData(SLList *L)　　　　//输入航班记录函数，调用（5）（6）（14）
（14）bool Check_HangBanHao(char *HangBanHao)　　//航班号输入格式效验函数
（15）void main()　　　　　　　　　　　　//主函数，调用（11）（12）（13）

3. 函数主要调用关系图

本系统 15 个子程序之间的主要调用关系
如图 8-18 所示。图中数字是各函数的编号。

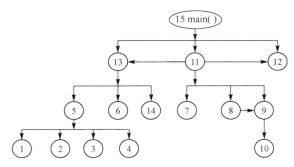

8.3.4　详细设计

1. 数据类型定义

（1）航班记录定义。

航班记录结构描述详见 8.3.2 概要设计。

（2）关键字链表定义。

图 8-18　系统函数主要调用关系图

```
typedef struct
{//静态链表结点类型
    KeyType  keys[keylen];          //关键字（航班号）
    InfoType  others;
    int  next;
}SLNode;
typedef struct
{//静态链表类型
    SLNode  sl[MaxSpace];           //静态链表
    int  keynum;                    //关键字字符数
    int  length;                    //表长
}SLList;
```

2. 系统主要子程序详细设计

（1）主函数模块设计。

```
void main()
{
    关键字链表初始化;
    显示主菜单;
```

```
    提示用户输入航班信息；
    航班号格式校验；
    执行相关查询；
}//endmain
```

（2）航班信息录入模块。

```
bool InputData(SLList *L)
{
    int i=++L->length;
    char yn='y';
    printf("\n 请依次录入航班信息数据（航班号由 2 位大写字母和 4 位数字组成）:");
    do
    {
        printf("\n 航班号 起点站 终点站 航班期 起飞时间 到达时间 机型 票价\n");
        scanf("%s%s%s%s%s%s%s%d", &L->sl[i].keys, &L->sl[i].others.start,
                &L->sl[i].others.end, &L->sl[i].others.sche,
                &L->sl[i].others.time1,&L->sl[i].others.time2,
                 &L->sl[i].others.model, &L->sl[i].others.price);
        fflush(stdin);                                   //清空输入缓冲区
        if(!Check_HangBanHao(L->sl[i].keys))
                return false;
        ++i;
        printf("继续输入吗？ y/n:");
    }while((yn=getche())=='y' || yn=='Y')
    printf("\n");
    L->length = i-1;
    RadixSort(L);
    Arrange(L);
    return true;
}
bool Check_HangBanHao(char *HangBanHao)
{//航班号输入格式效验函数
    int i;
    if(strlen(HangBanHao) != 6)  return false;        //航班号必须为 6 位
    else if(HangBanHao[0]<'A' || HangBanHao[0]>'Z' || HangBanHao[1]<'A'
            || HangBanHao[1]>'Z')
        return false;                                 //1～2 位须为大写字母
    for(i=2; i<=5; i++)                               //3～6 位须为数字
        if(HangBanHao[i]<'0' || HangBanHao[i]>'9') return false;
    return true;
}
```

（3）航班信息查询与检索模块。

```
void searchcon(SLList L)
{
    int i=1,k;
    while(i>=1 && i<=6)
    {
```

```
        printf ("\n请选择命令代号(0----6)：  ");
        scanf("%d", &i);
        switch(i)
        {
            case 1: printf("输入要查询的航班号(字母要大写)：  ");
                    scanf("%s", key);
                    k=BinSearch(L, key);
                    if(k)  Display(L,k);
                    else printf("很抱歉，无此航班信息。\n");
                    break;
            case 2: printf("输入要查询的航班起点站名：");
                    scanf("%s", key);
                    SeqSearch(L, key, i);
                    break;
            case 3: printf("输入要查询的航班终点站名：");
                    scanf("%s", kl);
                    SeqSearch(L, kl, i);
                    break;
            case 4: printf("输入要查询的航班起飞时间：");
                    scanf("%s", kl);
                    SeqSearch(L, kl, i);
                    break;
            case 5: printf("输入要查询的航班到达时间：");
                    scanf("%s", kl);
                    SeqSearch(L, kl, i);
                    break;
            case 6: printf("请依次录入航班信息数据:\n");
                    InputData(L);
                    break;
            case 0: exit(0);
        }
        Prompt();                          //循环显示主菜单
    }//endwhile
}//endsearchcon
void SeqSearch(SLList L, KeyType key[],int i)
{   //顺序查找函数。在有序表 L 中查找关键字为 key[]的记录
    int j, k, m=0;
    for(j=1; j<=L.length; j++)
    {
        switch(i)                          //按不同关键字查找
        {
            case 2:  k=strcmp(key,L.sl[j].others.start);
                     break;                 //按顺序依次调用 strcmp 函数进行比较
            case 3:  k=strcmp(key,L.sl[j].others.end);
                     break;                 //按顺序依次调用 strcmp 函数进行比较
```

```
            case 4:  k=strcmp(key,L.sl[j].others.time1);
                    break;                //按顺序依次调用 strcmp 函数进行比较
            case 5:  k=strcmp(key,L.sl[j].others.time2);
                    break;                //按顺序依次调用 strcmp 函数进行比较
        }//endswitch
        if(k==0)                          //查找成功
        {
            m=1;                          //查找标识置为 1
            Display(L,j);                 //显示查找结果
        }
    }//endfor
    if(m==0)                              //查找失败
        printf ("很抱歉，无此航班信息。\n");   //输出提示信息
}//end SeqSearch
int BinSearch(SLList L, KeyType key[])
{   //折半查找函数。在有序表 L 中查找关键字为 key[]的记录
    int high, low, mid;                   //上、下界和中值
    low=1;                                //下界初始化为 1
    high=L.length;                        //上界初始化为表长
    while(low <= high)                    //判别查找区间
    {
        mid=(low+high)/2;                 //计算中值
        if(strcmp(key,L.sl[mid].keys)==0) //若正好等于中值
            return mid;                   //查找成功，返回中值
        else if(strcmp(key,L.sl[mid].keys)<0)      //在中值左边
            high=mid-1;                   //调整上界，调整查找区间
        else                              //在中值右边
            low=mid+1;                    //调整下界，调整查找区间
    }
    return 0;                             //查找失败，返回 0
}//endBinSearch
```

（4）输出航班信息模块。

```
    void Display(SLList L, int i)
    {
        printf("航班号 起点站 终点站 航班期 起飞时间 到达时间 机型 票价\n");
        DisplayStyle(6, L.sl[i].keys);DisplayStyle(7, L.sl[i].others.start);
                                            //控制对齐输出
        DisplayStyle(7, L.sl[i].others.end);DisplayStyle(7, L.sl[i].others.sche);
                                            //控制对齐输出
        DisplayStyle(9, L.sl[i].others.time1);DisplayStyle(9, L.sl[i].
                    others.time2);          //控制对齐输出
        DisplayStyle(5, L.sl[i].others.model);printf ( "%6d\n",L.sl[i].
                    others.price);          //控制对齐输出
        printf("\n");
    }
```

```
void DisplayStyle(int i, char *s)
{    //调整格式对齐函数。调整表列对齐
    int j;
    i -= strlen(s);
    for(j=0; j<i; ++j)  printf(" ");              //输出占位空格，以便对齐
    printf ("%s,", s);
}
```

8.3.5　测试分析

系统运行后，显示主菜单运行界面，并提示用户输入航班信息数据，如图 8-19 所示。

图 8-19　"航班信息查询与检索系统"主菜单运行界面

用户输入航班信息，若航班号格式错误，则输出错误提示信息，如图 8-20 所示。

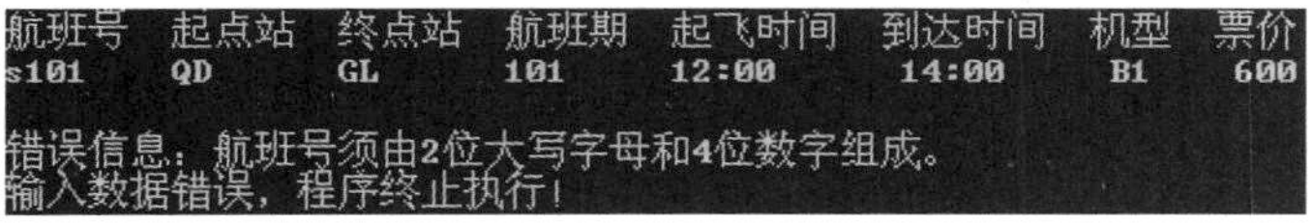

图 8-20　航班号格式输入错误

用户按照正确格式输入 4 条航班信息，每输入一条，系统都会提示"继续输入吗? y/n"，若用户输入 y 或 Y，则继续输入，若输入其他字符，则结束输入，如图 8-21 所示。

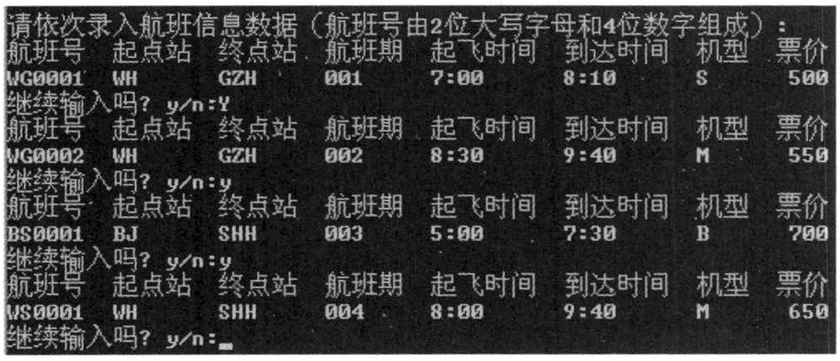

图 8-21　航班信息数据

用户输入 N 结束录入，系统提示用户选择命令代号。用户输入 1 并按回车键，选择按航班号查询，用户输入 BS0001 并按回车键，系统输出查询结果，如图 8-22 所示。

图 8-22　按航班号查询

用户输入 2 并按回车键，选择按起点站名查询，用户输入 WH 并按回车键，系统输出查询结果，如图 8-23 所示。

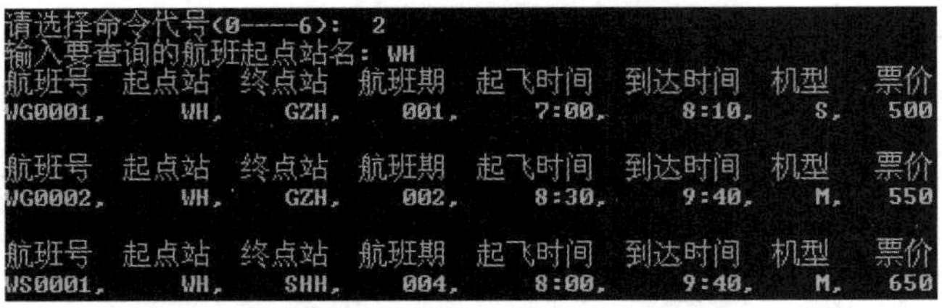

图 8-23   按起点站名查询

用户输入 3 并按回车键，选择按终点站名查询，用户输入 SHH 并按回车键，系统输出查询结果，如图 8-24 所示。

图 8-24   按终点站名查询

用户输入 4 并按回车键，选择按起飞时间查询，用户输入 8:00 并按回车键，系统输出查询结果，如图 8-25 所示。

图 8-25   按起飞时间查询

用户输入 5 并按回车键，选择按到达时间查询，用户输入 9:40 并按回车键，系统输出查询结果，如图 8-26 所示。

图 8-26   按到达时间查询

用户输入 6 并按回车键，可添加航班信息。用户输入 0 并按回车键，退出系统。

8.3.6 源程序清单

```c
#include <stdio.h>
#include <string.h>
#include <conio.h>
#include <windows.h>
//宏定义
#define MaxSpace 100
#define keylen 6
#define RADIX_n 10
```

```
#define true 1
#define false 0
#define RADIX_c 26
#define SHOW_MSG_ERROR "\n 错误信息：航班号须由 2 位大写字母和 4 位数字组成。\n
                        输入数据错误，程序终止执行！\n"
typedef int bool;
typedef char KeyType;
typedef struct
{//航班记录结构描述
    char start[6];                              //起点站
    char end[6];                                //终点站
    char sche[6];                               //航班期
    char time1[6];                              //起飞时间
    char time2[6];                              //到达时间
    char model[3];                              //机型
    int price;                                  //票价
}InfoType;
typedef struct
{//关键字-静态链表结点类型
    KeyType keys[keylen];                       //关键字（航班号）
    InfoType others;
    int next;
}SLNode;
typedef struct
{//关键字序列-静态链表类型
    SLNode sl[MaxSpace];                        //静态链表
    int keynum;                                 //关键字字符数
    int length;                                 //表长
}SLList;
typedef int ArrType_n[RADIX_n];                 //数字字符
typedef int ArrType_c[RADIX_c];                 //字母字符
KeyType key[keylen],kl[4];
//功能函数声明，详见 8.3.3 模块设计 2. 系统子程序及功能设计
void Distribute(SLNode *sl, int i, int *f, int *e);
void Collect(SLNode *sl, ArrType_n f, ArrType_n e);
void Distribute_c(SLNode *sl, int i, int *f, int*e);
void Collect_c(SLNode *sl, ArrType_c f, ArrType_c e);
void RadixSort(SLList *L);
void Arrange(SLList *L);
int BinSearch(SLList L, KeyType key[]);
void SeqSearch(SLList L, KeyType key[],int i);
void DisplayStyle(int i, char *s);
void Display(SLList L, int i);
void searchcon(SLList L);
void Prompt();
bool InputData(SLList *L);
bool Check_HangBanHao(char *HangBanHao);
```

```
// 1. 数字字符分配函数
void Distribute (SLNode *sl, int i, int *f, int *e)
{
    int j,p;
    for(j=0; j<RADIX_n; j++)    f[j]=0;
    for(p=sl[0].next; p; p=sl[p].next)
    {
        j=sl[p].keys[i]%48;                //将数字字符映射为十进制数
        if(!f[j])  f[j]=p;
        else   sl[e[j]].next=p;           //将 p 指向的结点插入第 j 个子表
        e[j]=p;
    }
}
// 2. 数字字符收集函数
void Collect(SLNode *sl, ArrType_n f, ArrType_n e)
{
    int j,t;
    for(j=0; !f[j]; j++);       //找第 1 个非空子表
    sl[0].next=f[j];            //将 sl[0].next 指向第 1 个非空子表的第 1 个结点
    t=e[j];
    while(j < RADIX_n-1)
    {
        for(j=j+1; j < RADIX_n-1 && !f[j]; j++);    //找下一个非空子表
        if(f[j]) sl[t].next=f[j];
        t=e[j];                                      //链接到主链表
    }
    sl[t].next=0;
}
// 3. 字母字符分配函数
void Distribute_c(SLNode *sl, int i, int *f, int *e)
{
    int j,p;
    for(j=0; j<RADIX_c; j++)    f[j]=0;
    for(p=sl[0].next; p!=0; p=sl[p].next)
    {
        j=sl[p].keys[i]%65;                //将字母字符映射为字母集中的相应序号
        if(!f[j])   f[j]=p;
        else   sl[e[j]].next=p;           //将 p 指向的结点插入第 j 个子表
        e[j]=p;
    }
}
// 4. 字母字符收集函数
void Collect_c(SLNode *sl, ArrType_c f, ArrType_c e)
{
    int j,t;
    for(j=0;!f[j]; j++);        //找第 1 个非空子表
    sl[0].next = f[j];          //将 sl[0].next 指向第 1 个非空子表的第 1 个结点
    t=e[j];
```

```
    while(j<RADIX_c-1)
    {   for(j=j+1; j<RADIX_c-1 && !f[j]; j++);   //找下一个非空子表
            if(f[j])  sl[t].next=f[j];
        t=e[j];   //链接到主链表
    }
    sl[t].next=0;
}//end Collect_c
// 5. 链式基数排序函数
void RadixSort(SLList *L)
{
    int i;
    ArrType_n fn, en;
    ArrType_c fc, ec;
    for(i=0; i<L->length; i++)              //将线性表改造为静态链表
        L->sl[i].next = i+1;
    L->sl[L->length].next=0;                //"0"表示空指针
    //按最低位优先依次对各关键字进行分配和收集
    for(i=L->keynum-1; i>=2; i--)           //对低 4 位数字部分进行分配和收集
    {
        Distribute(L->sl,i,fn,en);
        Collect(L->sl,fn,en);
    }
    for(i=1; i>=0; i--)                     //对高位 2 位字母进行分配和收集
    {
        Distribute_c(L->sl,i,fc,ec);
        Collect_c(L->sl,fc,ec);
    }
}
// 6. 按指针链整理线性表
void Arrange(SLList *L)
{
    int p,q,i;
    SLNode temp;
    p=L->sl[0].next;                        //p 指向第 1 个结点
    for(i=1; i<L->length; i++)
    {
        while(p<i)                          //查找第 i 个结点，并用 p 指向此结点
            p=L->sl[p].next;
        q=L->sl[p].next;
        if(p!=i)                            //若第 i 个结点不在当前位置，则交换结点数据
        {   temp=L->sl[p];
            L->sl[p]=L->sl[i];
            L->sl[i]=temp;
            L->sl[i].next=p;
        }
        p=q;                                //p 指向下一个未调整结点
    }
}
```

```
// 7. 折半查找函数
int BinSearch(SLList L, KeyType key[])   //源代码参见：8.3.4 详细设计 2.(3)
// 8.顺序查找函数
void SeqSearch(SLList L, KeyType key[],int i)//源代码参见：8.3.4 详细设计 2.(3)
// 9. 打印班次信息函数
void Display(SLList L, int i)             //源代码参见：8.3.4 详细设计 2.(4)
// 10. 调整格式对齐函数
void DisplayStyle(int i, char *s)         //源代码参见：8.3.4 详细设计 2.(4)
// 11. 查找交互界面函数
void searchcon(SLList L)                  //源代码参见：8.3.4 详细设计 2.(3)
// 12. 显示主菜单函数
void Prompt()
{
    printf( "***********************************************\n");
    printf( "      *        航班信息查询与检索系统           *\n");
    printf( "      *            1.按航班号查询                *\n");
    printf( "      *            2.按起点站查询                *\n");
    printf( "      *            3.按终点站查询                *\n");
    printf( "      *            4.按起飞时间查询              *\n");
    printf( "      *            5.按到达时间查询              *\n");
    printf( "      *            6.添加班次                    *\n");
    printf( "      *            0.退出系统                    *\n");
    printf( "***********************************************\n");
}
// 13. 输入航班记录函数
bool InputData(SLList *L)                  //源代码参见：8.3.4 详细设计 2.(2)
// 14. 航班号输入格式效验函数
bool Check_HangBanHao(char *HangBanHao)//源代码参见：8.3.4 详细设计 2.(2)
// 15. 主函数
int main()
{
    SLList L;
    L.keynum=6; L.length=0;               //初始化
    Prompt();                             //显示主菜单
    if(!InputData(&L))                    //信息录入，并进行输入效验
    {
        printf(SHOW_MSG_ERROR);
        return 1;
    }
    searchcon(L);                         //执行相关查询
    return 0;
}
```

8.3.7　用户手册

（1）本程序执行文件为"航班信息查询与检索系统.exe"。

（2）进入本系统之后，根据提示输入数据。

8.4 课程设计题选

8.4.1 伙伴存储管理系统演示

【问题描述】

伙伴系统是操作系统中用到的另一种动态存储管理方法，在该系统中，无论是占用块还是空闲块，其大小均为 2 的 k 次幂（k 为某个正整数）。若总的可利用内存容量为 2^m 个字，则空闲块的大小只可能为 2^0、2^1、$\cdots$、2^m。试编写一个演示系统，演示分配和回收存储块前、后的存储空间状态变化。

【基本要求】

程序应不断地从终端读取整数 n，每个整数是一个请求。如果 $n > 0$，则表示用户申请大小为 n 的空间；如果 $n < 0$，则表示归还起始地址（下标）为 $-n$ 的块；如果 $n = 0$，则表示结束运行。每读入一个数，就处理相应的请求，并显示处理之后的系统状态。

系统状态由占用表和空闲表构成。显示系统状态意味着显示占用表中各块的起始地址和长度，以及空闲表中各块的起始地址和长度。

【测试数据】

1，$-<①1>$，3，4，4，4，$-<①4>$，$-<①3>$，2，2，2，2，$-<②4>$，$-<①2>$，$-<②2>$，$-<③2>$，$-<④2>$，$-<③4>$，40，0。其中，$<③2>$表示第③次申请大小为 2 字节的空间块的起始地址。其余以此类推。

【实现提示】

可以取 $m = 5$，即 SpaceSize $= 2^5$，数据结构如下：

```
typedef struct BlkHeader
{//占用块或空闲块结构类型
    BlkHeader *llink,*rlink;
    int tag;          //标志位：0，空闲；1，占用
    int kvalue;       //块大小，值为 2 的 k 次幂
    int blkstart;     //块的起始地址
}BlkHeader,*Link;
typedef struct
{//可用空间表结点类型
    int blksize;      //该链表的空闲块的大小
    Link first;       //该链表的表头指针
}ListHeader;
Typedef char cell;
```

主要变量是：

```
cell space[SpaceSize];     //被管理的空间
ListHeader avail[m+1];     //可用空间表
Link allocated;            //占用表的表头指针
```

【选做内容】

（1）还可用直观的图示方法显示状态。

（2）写一个随机申请和归还各种规格的存储块的过程检验伙伴系统。

8.4.2 图书管理系统

【问题描述】

图书管理基本业务包括对一本书的采编入库、清除库存、借阅和归还等。试设计一个图书管理系统,将上述业务活动借助于计算机系统完成。

【基本要求】

(1)每种书的登记内容至少包括书号、书名、著作者、现存量和总库存量 5 项。

(2)作为演示系统,不必使用文件,全部数据可以都在内存存放。但是由于上述 4 项基本业务活动都是通过书号(关键字)进行的,所以可用 B 树(2 阶或 3 阶 B 树)对书号建立索引,以获得高效率。

(3)系统应实现的操作及功能定义如下。

① 采编入库:新购入一种书,经分类和确定书号之后登记到图书账目中去。如果这种书在账目中已有,则只将总库存量增加即可。

② 清除库存:某种书已无保留价值,则可将它从图书账目中注销。

③ 借阅:如果一种书的现存量大于零,则借出一本,登记借阅者的图书证号和归还期限。

④ 归还:注销对借阅者的登记,改变该书的现存量。

⑤ 显示:以凹入表的形式显示 B 树。这个操作是为了调试和维护而设置的。B 树的打印格式如图 8-27 所示。

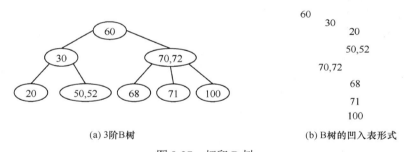

(a) 3 阶 B 树 (b) B 树的凹入表形式

图 8-27　打印 B 树

【测试数据】

入库书号:35,16,18,70,5,50,22,60,13,17,12,45,25,42,15,90,30,7
然后清除:45,90,50,22,42

其余数据自行设计。由空树开始,每插入或删除一个关键字后就显示 B 树状态。

【实现提示】

(1)2 阶或 3 阶 B 树的查找算法是基础,入库和清除操作都要调用。难点在于删除关键字的算法,因而只要算法对 2 阶或 3 阶 B 树适用就可以了,暂不必追求高阶 B 树也适用的删除算法。

(2)每种书的记录可以用动(或静)态链表结构,请思考各有什么优、缺点。

(3)借阅登记信息可以链接在相应的那种书的记录之后。

【选做内容】

(1)将一次会话过程(程序一次运行)中的全部人机对话记入一个日志文件"log"中。

(2)增加列出某著作者全部著作名的操作。思考如何提高这一操作的效率。

（3）增加列出某种书状态的操作。状态信息除包括这种书记录的全部信息外还包括最早到期（包括已逾期）的借阅者证号，日期可用整数实现，以求简化。

（4）增加预约借书功能。

8.4.3 多关键字排序

【问题描述】

多关键字排序有一定的使用范围。例如，在进行高考分数处理时，除对总分进行排序外，不同的专业对单科分数的要求也有不同。因此，在总分相同的情况下，常常需要再按某单科分数的次序排序，以确定录取次序。

【基本要求】

（1）假设待排序的记录数不超过 10000，表中记录的关键字数不超过 5，各关键字的取值范围均为 0 至 100。按用户给定的进行排序的关键字优先关系输出排序结果。

（2）约定按 LSD 法（低位优先法）进行多关键字排序。要求采用以下两种策略：一是利用稳定的内部排序法；二是利用"分配"和"收集"法。

（3）综合比较这两种策略的性能。

【测试数据】

由随机数产生器生成。

【实现提示】

（1）用 5 至 8 组数据比较不同排序策略所需要的时间。

（2）对每个关键字均可进行整个序列的排序，但必须选用稳定的排序方法。

（3）利用"分配"和"收集"法进行的排序，如同一趟"基数排序"。由于关键字的取值范围为 0 至 100，则分配时将得到 101 个链表。

【选做内容】

增加 MSD 策略（高位优先法）进行排序，并和上述两种排序策略进行综合比较。

第9章　文件操作及其应用

在实际应用中，大量的信息不可能每次都从键盘输入，而一般都是以文件的形式存储在外存的。此外，对于计算机的处理结果，有时也需要在外存上做永久性的保存，而不只是显示在屏幕上。所有这些操作都和文件的处理有关。因此，本章以磁盘文件的操作为例，介绍 C 语言提供的基本文件操作及其应用。

9.1　本章知识要点

9.1.1　文件的基本概念

文件是指一组相关数据的有序集合。数据只有以一种永久性的方式存放起来，才能在需要时被方便地进行访问。在计算机中，数据可以永久性地存储在 U 盘、硬盘、光盘、磁带等这样的外存设备上。操作系统是以文件为单位对数据进行管理的，如果想提取存储在外存上的数据，则必须先按文件名找到所指定的文件，然后才能从该文件读取数据。如果需要向外存设备存储数据，则也必须先建立或打开一个文件（以文件名标识），才能将数据输出到外存中。文件通常是在使用时才调入内存的。从不同的角度可对文件做不同的分类。

1. 从用户角度分类

（1）普通文件。

普通文件是指驻留在磁盘或其他外部介质上的一个有序数据集。它可以是源文件、目标文件、可执行程序（也称程序文件），也可以是一组待输入处理的原始数据，或者是一组输出的结果（也称数据文件）。

（2）设备文件。

设备文件是指与主机相连的各种外部设备，如显示器、打印机、键盘等。在操作系统中，把外部设备也视为文件来进行管理，把它们的输入、输出等同于对磁盘文件的读和写。通常把显示器定义为标准的输出文件，把键盘定义为标准的输入文件。

2. 从文件编码方式分类

（1）ASCII 文件。

ASCII 文件也称为文本（text）文件，它的每一个字节存放一个 ASCII 码，代表对应的一个字符。例如，源程序文件就是 ASCII 文件。

（2）二进制文件。

二进制文件是把内存中的数据按其在内存中的存储形式原样输出到磁盘上存放，即按二进制的编码方式来存放数据。

例如，有一个整数 10000，在内存中占 2 个字节，如果按 ASCII 形式输出，则占 5 个字节，而按二进制形式输出，在磁盘上只占 2 个字节，如图 9-1 所示。

图 9-1 整数 10000 的存储及输出

ASCII 文件便于对字符进行逐个处理，也便于输出字符，但一般占用的存储空间较多，而且要花费二进制形式与 ASCII 码间的转换时间。二进制文件可以节省外存空间和转换时间，但一个字节并不对应一个字符，不能直接输出字符形式。一般中间结果数据需要暂时保存在外存上，以后又需要输入到内存，在这种情况下，用二进制文件保存为好。

由前所述，一个 C 语言文件是一个字节流或二进制流。它们把数据视为一连串的字符或字节，而不考虑记录的界限。换句话说，在 C 语言中，文件并不是由记录组成的。在 C 语言中对文件的存取是以字符或字节为单位的，输入、输出的数据流的开始和结束仅受程序控制而不受物理符号（如回车换行符）控制。一般把这种文件称为流式文件。

3. 从 C 语言对文件的处理方法分类

（1）缓冲文件系统。

系统自动地在内存区为每一个正在使用的文件开辟一个缓冲区。用缓冲文件系统进行的输入、输出又称为高级磁盘输入、输出。

（2）非缓冲文件系统。

系统不自动开辟确定大小的缓冲区，而由程序为每个文件设定缓冲。用非缓冲文件系统进行的输入、输出又称为低级输入、输出系统。本章文件操作采用 C 语言的缓冲文件系统处理方式。以下主要介绍缓冲文件系统中 C 语言文件的相关概念及操作方式。

9.1.2　C 语言文件类型指针

在缓冲文件系统中，关键的概念是"文件指针"。每个被使用的文件都在内存中开辟一个区域，用来存放文件的有关信息（如文件的名称、状态及当前位置等）。这些信息保存在一个结构体类型的变量中。该结构体类型是由系统定义的，取名为 FILE。

1. C 语言文件结构——FILE

在不同的 C 语言系统的 stdio.h 文件中定义的文件类型 FILE 可能有一些差异，但主要的文件信息是不可或缺的。FILE 是一个结构体类型，用 typedef 定义。例如，在有的 C 语言版本的 stdio.h 文件中，给出了如下定义：

```
typedef struct
{   short  level;            //缓冲区使用量
    unsigned  flags;         //文件状态标志
    char  fd;                //文件描述符
    short  bsize;            //缓冲区大小
    unsigned char  *buffer;  //文件缓冲区的首地址
    unsigned char  *curp;    //指向文件缓冲区的工作指针
} FILE;
```

例如，定义一个 FILE 类型的数组如下：

```
FILE f[5];
```

该语句定义了一个结构体数组 f，它有 5 个元素，可以用来存放 5 个文件的信息。

2．文件型的指针

文件型的指针变量用于指向文件缓冲区，通过移动指针实现对文件的操作。

例如，定义一个文件型的指针变量如下：

```
FILE *fp;
```

fp 是一个指向 FILE 结构体类型的指针变量。可以使 fp 指向某一个文件的缓冲区（结构体变量），从而通过该结构体变量中的文件信息能够访问该文件。同时，当使用多个文件时，每个文件都有缓冲区。如果有 n 个文件，一般应设 n 个 FILE 类型的指针变量，使它们分别指向 n 个文件，以实现对文件的访问。

9.1.3　C 语言文件的打开与关闭

C 语言和其他高级语言一样，在对文件读写之前需要"打开"该文件，在使用之后应该"关闭"该文件。

1．打开文件函数（fopen）

fopen 函数的调用方式通常为

```
FILE *fp;
fp = fopen("文件名","文件打开方式");
```

该语句包含了需要打开的文件名、文件打开方式以及与文件联系的指针变量。若函数执行成功，则返回包含文件缓冲区等信息的 FILE 类型地址，赋给文件指针 fp；若不成功，则返回一个 NULL（空值）。常用下面的方法打开一个文件：

```
if((fp = fopen("student.dat", "wb"))==NULL)
{   printf ("File open error!\n");
    exit(0);
}
```

该语句的含义是：以二进制写方式打开名为 student.dat 的数据文件。如果打开成功，则将该文件指针赋给指针变量 fp；否则返回一个空值 NULL，输出"File open error!"并由 exit 函数关闭所有文件，终止调用过程。

2．关闭文件函数（fclose）

在使用完一个文件后应该关闭它，以防止该文件被误用。所谓"关闭"文件，即使与文件关联的指针变量不再指向该文件，从而避免文件数据的丢失。

fclose 函数调用的一般形式为

```
fclose (文件指针);
```

例如，在向文件写数据后执行该语句，fclose 函数先把缓冲区中的数据写入磁盘扇区，确保写文件的正常完成，然后释放文件缓冲区单元和 FILE 结构体，使文件指针与具体文件脱钩。当 fclose 函数正常执行了关闭操作时，返回值为 0；否则返回值为非 0，表示关闭文件时有错误。

9.1.4　数据块的读入和输出

在 C 语言中可以用 getc 和 putc 函数分别读和写文件中的一个字符，但是常常需要一次读入一组数据（如一个结构体变量的值等），这就不方便了。fread 和 fwrite 函数弥补了这个问题，它们分别用来读和写一个数据块。

fread 和 fwrite 函数一般用于二进制文件的输入和输出，它们是按数据块的长度来处理输入和输出的。

1．向磁盘写数据块函数（fwrite）

fwrite 函数的功能是将内存中的数据块，一般以二进制的形式写入磁盘文件。它的一般调用形式为

```
fwrite (buffer,size,count,fp);
```

其中：

buffer 是一个指针，指示要输出数据的地址（指起始地址）；

size 指示要写出的数据块大小的字节数；

count 指示要写多少个大小为 size 字节的数据块；

fp 是文件型指针，指示要写入文件的位置（指起始地址）。

例如，定义一个有关学生的结构体类型：

```
struct  student
{   char num[6];    //学号
    int  grade;     //成绩
}stud[10];
```

结构体数组 stud[ ]有 10 个元素，每一个元素用来存放一个学生的数据（包括学号、成绩）。假设学生数据已读入内存，则可以用下面的 for 循环语句和 fwrite 函数将内存中 10 个学生的数据输出（写入）到与文件型指针 fp 关联的磁盘文件中。

```
FILE *fp;
if((fp=fopen("stu_list","wb"))==NULL)//以二进制写方式打开文件"stu_list"
    {printf ("cannot open file\n");  return;}
for (i=0; i<10; i++)  //二进制写
    fwrite (&stud[i], sizeof (struct student), 1, fp);
```

如果 fwrite 函数调用成功，则函数返回值 count，即输出数据块的完整个数。

2．从磁盘读数据块函数（fread）

fread 函数的功能是将磁盘文件中的数据块，一般以二进制的形式写入内存。它的一般调用形式为

```
fread (buffer,size,count,fp);
```

其中：

buffer 是一个指针，指示要读入数据的存放地址（指起始地址）；

size 指示要读入的数据块大小的字节数；

count 指示要读入多少个大小为 size 字节的数据块；

fp 是文件型指针，指示要被读入的数据文件的位置（指起始地址）。

例如，如前所述定义一个有关学生的结构体类型：

```
struct  student
{  char num[6];      //学号
   int  grade;       //成绩
}stud[10];
```

假设学生的数据已存放到磁盘文件 stu_list 中，则可以用下面的 for 循环语句和 fread 函数将该磁盘文件中 10 个学生的数据读入到内存中。

```
FILE *fp;
if((fp=fopen("stu_list","rb"))==NULL)    //以二进制读方式打开文件"stu_list"
{ printf ("cannot open file\n");  return;}
for (i=0; i<10; i++)  //二进制读
    fread (&stud[i], sizeof (struct student), 1, fp);
```

如果 fread 函数调用成功，则函数返回值 count，即输入数据块的完整个数。

3. fread 与 fwrite 函数应用举例

【例 9.1】从键盘输入 *n* 个学生的相关数据，然后把它们转存到磁盘文件中去。

程序代码如下：

```
#include  "stdio.h"
#define  SIZE  50
struct  student          //定义结构
{  char  name[10];      //姓名
   char  num[4];        //学号
   int   age;           //年龄
   char  tel[11];       //电话
}stud[SIZE];            //定义结构数组
void save (int N)
{ //将学生数据存入磁盘文件
   FILE *fp;
   int  n, i;
   n=N;
   if ((fp=fopen("stu_list", "wb"))==NULL)
   { printf("cannot open file\n");
    return;
   }
   for (i=0; i<n; i++)                   //二进制写
     if (fwrite(&stud[i], sizeof(struct student), 1, fp)!=1)
       printf ("file write error\n");        //写文件出错
        fclose(fp);                          //关闭文件
}//endsave
main ( )
{
  int  n, i;
  printf ("请输入准备写入数据的学生个数 n=");
  scanf ("%d", &n);
```

```
    printf ("\n 请输入%d 个学生的(姓名 学号 年龄 电话)用空格隔开：\n ", n);
    for(i=0; i<n; i++)                    //从键盘读入学生信息
      scanf("%s%s%d%s",&stud[i].name,&stud[i].num,&stud[i].age, &stud[i].tel);
    save(n);                              //调用 save 函数保存学生信息
  }
```

程序运行情况如下：

> 请输入准备写入数据的学生个数 n= 4↵
> 请输入 4 个学生的(姓名 学号 年龄 电话)用空格隔开：
> zhao　1601　18　13661234561↵
> qian　1602　19　13661234562↵
> sun　　1603　18　13661234563↵
> zhou　1604　18　13661234564↵

程序运行时，屏幕上没有任何输出信息，从键盘输入的 4 个学生的数据直接写入磁盘文件 stu_list。

【例 9.2】从磁盘文件 stu_list 中读入所有学生的相关数据，并显示在屏幕上。

程序代码如下：

```
#include  "stdio.h"
#define  SIZE  50
struct  student
{   char  name[10];      //姓名
    char  num[4];        //学号
    int   age;           //年龄
    char  tel[11];       //电话
}stud[SIZE];
main( )
{
  int  i, n=0;
  FILE *fp;
  if((fp=fopen("stu_list","rb"))== NULL)//以二进制读方式打开磁盘文件"stu_list"
  { printf ("cannot open file\n");
    return;
  }
  i=0;
  while(! feof(fp))
  { //当未遇到文件结束符时执行
     if(fread(&stud[i],sizeof(struct student),1,fp)==1)
     {
        i++;                            //从磁盘文件成功读入数据块，i++
        n++;                            //读入记录的个数
     }
  }
  for(i=0; i<n; i++)                    //在屏幕上输出读入的数据
     printf("%-5s %-5s %2d %-15s\n", stud[i].name, stud[i].num,
         stud[i].age, stud[i].tel);
}//endmain
```

程序运行时，不需要输入任何数据。屏幕上显示如下信息：

```
zhao      1601      18      13661234561
qian      1602      19      13661234562
sun       1603      18      13661234563
zhou      1604      18      13661234564
```

提示：在 VC++6.0 平台先运行例 9.1 程序，然后关闭其工作空间，再运行例 9.2 程序；或者将例 9.2 程序与文件 stu_list 存入同一个文件夹，以方便打开该磁盘文件。

9.2 "二叉排序树与文件操作"的设计与实现

（演示视频）

9.2.1 设计要求

1. 问题描述

设计一个实现有关二叉排序树相关操作的程序，要求与 C 语言外存文件的读/写操作结合起来，以方便数据的使用和保存。

2. 需求分析

（1）从键盘输入一组学生记录，建立一棵二叉排序树并存放在磁盘文件中。
（2）从文件恢复内存的二叉排序树，供用户查询。
（3）进行二叉排序树的常规操作。例如，遍历树、求树的深度、求结点个数等。
（4）对学生记录进行常规操作。例如，插入、删除一条学生记录等。
（5）以广义表形式输出二叉排序树。

9.2.2 概要设计

1. 主界面设计

为了实现二叉排序树与文件操作各项功能的管理，首先设计一个含有多个菜单项的主菜单以链接系统的各项子功能，方便用户使用本系统。本系统主菜单运行界面如图 9-2 所示。

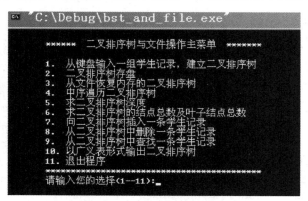

图 9-2 系统主菜单运行界面

2．存储结构设计

定义学生记录包含"学号""成绩"两个字段，分别为字符数组类型和整型。二叉排序树采用二叉链表存储。

3．系统功能设计

本系统共设置 11 个子功能。二叉排序树的初始化由函数 InitBSTree 实现。11 个子功能的设计描述如下。

（1）从键盘输入一组学生记录，建立二叉排序树。

从键盘输入每个学生的数据（包括学号、成绩），按学号的升序建立二叉排序树。建立二叉排序树的过程是由空树逐个插入学生结点的过程，由函数 Insert 实现。

（2）二叉排序树存盘。

将根指针 bst 所指的二叉排序树按照先根遍历的次序存储（写）到磁盘文件 student.dat 中，由函数 WriteFile 实现。其中，要调用递归函数 PreorderWrite，按照先根遍历的次序向文件以二进制形式输出一棵二叉排序树。

（3）从文件恢复内存的二叉排序树。

将 student.dat 文件中按先根遍历存储的二叉排序树恢复到内存中，由函数 ReadFile 实现。其中，要调用递归函数 PreorderRead，按照先根遍历的次序以二进制形式读出一棵二叉排序树。

（4）中序遍历二叉排序树。

由递归函数 Inorder 实现。将按中序遍历方式依次输出每个学生的学号及成绩。

（5）求二叉排序树深度。

即求二叉排序树的高度，由递归函数 BSTreeDepth 实现。

（6）求二叉排序树的结点总数及叶子结点总数。

分别由递归函数 BSTreeCount 和 BSTreeLeafCount 实现。

（7）向二叉排序树插入一条学生记录。

从键盘输入一条学生记录（包括学号和成绩），插入二叉排序树，使插入新记录后的二叉树仍保持按学号有序，由递归函数 Insert 实现。

（8）从二叉排序树中删除一条学生记录。

删除一条记录 t 后，要保证二叉排序树的有序性不变。因此，要分以下几种情况处理：

① t 为叶子结点（t->left == NULL　&&　t->right == NULL）；

② t 为单分支结点（t->left == NULL || t->right == NULL）；

③ t 为双分支结点（t->left != NULL　&&　t->right != NULL）。

该功能由非递归函数 Delete 实现。

（9）从二叉排序树中查找一条学生记录。

按学生的学号进行查找。如果找到，输出该学生的学号及成绩并输出"查找成功！"；如果没有找到，则输出"查找失败！"。该功能由递归函数 Find 实现。

（10）以广义表形式输出二叉排序树。

该功能由递归函数 PrintBSTree 实现。

（11）退出程序。

退出本系统。调用清空二叉排序树函数 ClearBSTree，然后退出程序。

9.2.3　模块设计

1．系统模块设计

本程序包含 4 个模块：主程序模块、工作区模块、常用二叉排序树操作模块和文件操作模块。其调用关系如图 9-3 所示。

图 9-3　模块调用关系

2．系统子程序及功能设计

本系统共设置 19 个子程序，各子程序对应的函数名及功能说明如下。

以下函数（0）～（12）属于二叉排序树操作模块。

（0）PBinTree InitBSTree( )　　　　　//初始化二叉排序树，即把树根指针置空

（1）static int operator_equal(const ElemType *x1, const ElemType *x2)

　　　static int operator_small(const ElemType *x1, const ElemType *x2)

　　　//两个串比较函数(两串相等或大小比较)

（2）int BSTreeEmpty(PBinTree BST)　　　　　　　　//判断二叉排序树是否为空

（3）int Find(PBinTree BST, ElemType *item)　　　　//从二叉排序树中查找元素

（4）int Update(PBinTree BST, ElemType *item)　　　//更新二叉排序树中结点的值

（5）void Insert(PBinTree *BST, const ElemType *item)//向二叉排序树中插入元素

（6）int Delete(PBinTree BST, const ElemType *item)//从二叉排序树中删除元素

（7）void Inorder(PBinTree BST)　　　　　//中序遍历输出二叉排序树中的所有结点

（8）int BSTreeDepth(PBinTree BST)　　　　//求二叉排序树的深度

（9）int BSTreeCount(PBinTree BST)　　　　//求二叉排序树中所有结点数

（10）int BSTreeLeafCount(PBinTree BST)　　//求二叉排序树中所有叶子结点数

（11）void PrintBSTree(PBinTree BST)　　　//以广义表形式输出二叉排序树

（12）void ClearBSTree(PBinTree BST)　　　//清除二叉排序树，使之变为一棵空树

以下函数（13）～（16）属于文件操作模块。

（13）static void PreorderWrite(FILE *fp, PBinTree BST)

　　　//文件操作。按先根遍历次序写入一棵二叉排序树 BST 的递归算法，它由 WriteFile 函数调用

（14）int WriteFile(char *fname, PBinTree BST)

　　　//文件操作。把二叉排序树 BST 按先根遍历的次序存储到磁盘文件 fname 中

（15）static void PreorderRead(FILE *fp, PBinTree *BST, int b)

　　　//文件操作。从文件指针 fp 对应的磁盘文件中，按先根遍历次序读出二叉排序树的递归算法

（16）void ReadFile(char* fname, PBinTree *BST)

　　　//文件操作。把磁盘文件 fname 中按先根遍历存储的二叉排序树恢复到内存中，调用（15）

以下函数（17）～（18）属于工作区模块。

```
(17) void mainwork()                    //工作区函数，创建操作区用户界面
(18) void main()                        //主函数
```

3. 函数主要调用关系图

本系统部分函数之间的主要调用关系如图 9-4 所示。图中的数字是各函数的编号。

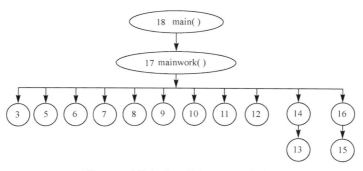

图 9-4　系统部分函数主要调用关系图

9.2.4　详细设计

1. 数据类型定义

（1）定义学生记录类型。

```
struct student
{   char num[6];    //学号
    int  grade;     //成绩
};
```

（2）定义二叉排序树结点值的类型为学生记录类型。

```
typedef struct  student ElemType;
```

（3）定义二叉排序树的结点类型。

```
struct BSTNode;
typedef struct BSTNode *PBinTree;
typedef struct BSTNode *PNode;
struct BSTNode
{   ElemType data;
    BSTNode *left;
    BSTNode *right;
};
```

2. 系统主要子程序详细设计

（1）从内存向磁盘文件写（输出）操作设计。

```
//13.文件操作。按先根遍历次序写入一棵二叉排序树 BST 的递归算法，
//它由 WriteFile 函数调用
static void PreorderWrite(FILE *fp, PBinTree BST)
{   if(BST!=NULL)
```

```
    {   fwrite(BST, sizeof(struct BSTNode),1,fp);      //写入根结点的信息
        PreorderWrite(fp, BST->left);                  //写入左子树的信息
        PreorderWrite(fp, BST->right);                 //写入右子树的信息
    }
}
//14．文件操作。把二叉排序树 BST 按先根遍历的次序存储到磁盘文件 fname 中
int WriteFile(char *fname, PBinTree BST)
{   FILE *fp;
    //把由 fname 所指字符串作为文件名的磁盘文件"student.dat"按二进制写方式打开
    fp=fopen(fname,"wb");
    if(fp==NULL)
    {   printf("产生文件失败\n");
        return 0;
    }
    PreorderWrite(fp, BST);//向"student.dat"文件输出二叉排序树
    fclose(fp);   //关闭指针 fp 所对应的磁盘文件
    return 1;
}
```

（2）从磁盘文件向内存读（输入）操作设计。

```
//15.文件操作。从文件指针 fp 对应的磁盘文件中，按先根遍历次序读出二叉排序树的
//递归算法，它由 ReadFile 函数调用
static void PreorderRead(FILE *fp, PBinTree *BST, int b)
{   if(*BST!=NULL)
    {   *BST=(PNode)malloc(b);                  //分配新结点
        fread(*BST,b,1,fp);                     //从磁盘文件中读入一个元素的信息
        PreorderRead(fp,&((*BST)->left),b);//按先根遍历次序读入左子树信息
        PreorderRead(fp,&((*BST)->right),b);//按先根遍历次序读入右子树信息
    }
}
//16．文件操作。把磁盘文件 fname 中按先根遍历存储的二叉排序树恢复到内存中
void ReadFile(char* fname, PBinTree *BST)
{   FILE *fp;
    int b;
    fp=fopen(fname,"rb");//把 fname 对应的文件"student.dat"按二进制读方式打开
    if(fp==NULL)
    {   printf("File not open!\n");
        return;
    }
    b=sizeof(struct BSTNode);       //求出二叉排序树中每个结点的大小
    *BST=(PNode)malloc(b);          //分配根结点
    fread(*BST,b,1,fp);             //读入二叉排序树根结点信息
    PreorderRead(fp, &((*BST)->left), b);    //从文件中读入左子树信息
    PreorderRead(fp, &((*BST)->right), b);   //从文件中读入右子树信息
    fclose(fp);                     //关闭指针 fp 所对应的磁盘文件
}//endReadFile
```

9.2.5　测试分析

各子功能测试运行结果如下。

1．从键盘输入一组学生记录，建立二叉排序树

在主菜单下，用户输入 1 并按回车键，根据屏幕提示输入学生记录的个数及学生记录（输入的学号和成绩之间用空格隔开），运行结果如图 9-5 所示。

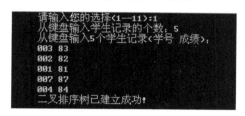

图 9-5　建立二叉排序树

2．二叉排序树存盘

在主菜单下，用户输入 2 并按回车键，即执行由内存数据写入磁盘文件的命令，运行结果如图 9-6 所示。执行本命令后，内存中的二叉排序树已清空。

3．从文件恢复内存的二叉排序树

在主菜单下，用户输入 3 并按回车键，系统执行从文件恢复内存二叉排序树的命令，运行结果如图 9-7 所示。执行本命令后，内存中的二叉排序树已建立。

图 9-6　建立数据文件"student.dat"　　　　　图 9-7　将数据文件"student.dat"读入内存

4．中序遍历二叉排序树

在主菜单下，用户输入 4 并按回车键，系统将执行中序遍历二叉排序树命令，运行结果如图 9-8 所示。

5．求二叉排序树深度

在主菜单下，用户输入 5 并按回车键，会得到二叉排序树的深度，运行结果如图 9-9 所示。

图 9-8　中序遍历二叉排序树　　　　　　　　　图 9-9　求二叉排序树深度

6．求二叉排序树的结点总数及叶子结点总数

在主菜单下，用户输入 6 并按回车键，可求得二叉排序树的结点总数及叶子结点总数，运行结果如图 9-10 所示。

7. 向二叉排序树插入一条学生记录

在主菜单下，用户输入 7 并按回车键，可在二叉排序树中插入一条学生记录，运行结果如图 9-11 所示。

```
请输入您的选择<1--11>:6

结点总数及叶结点总数分别为：5 和 2
```

```
请输入您的选择<1--11>:7
从键盘输入一条待插入的学生记录<学号 成绩>：
005 85

成功插入一条学生记录！
```

图 9-10　求二叉树的结点总数及叶子结点总数　　　　图 9-11　向二叉排序树插入一条学生记录

8. 从二叉排序树中删除一条学生记录

在主菜单下，用户输入 8 并按回车键，可在二叉排序树中删除一条学生记录，运行结果如图 9-12 所示。

9. 从二叉排序树中查找一条学生记录

在主菜单下，用户输入 9 并按回车键，可在二叉排序树中查找一条学生记录，运行结果如图 9-13 所示。

```
请输入您的选择<1--11>:8
从键盘输入一条待删除的学生记录的学号：005

删除成功！
```

```
请输入您的选择<1--11>:9
从键盘输入一条待查找的学生记录的学号：007
查找值为：007  87

查找成功！
```

图 9-12　从二叉排序树中删除一条学生记录　　　　图 9-13　从二叉排序树中查找一条学生记录

10. 以广义表形式输出二叉排序树

在主菜单下，用户输入 10 并按回车键，即以广义表形式输出用户建立的二叉排序树，运行结果如图 9-14 所示。

```
请输入您的选择<1--11>:10

二叉排序树的广义表表示结果为：

<003 83, <002 82, <001 81>, <>>, <007 87, <004 84>, <>>>
```

图 9-14　以广义表形式输出二叉排序树

9.2.6　源程序清单

```c
//进行二叉排序树和文件操作的头文件 bst_and_file.h
#include<stdlib.h>
#include<string.h>
#include<stdio.h>
struct student;
//定义二叉排序树结点值的类型为学生记录类型
typedef struct student ElemType;
//定义学生记录类型
struct student
{
    char num[6];   //学号
    int  grade;    //成绩
};
```

```c
//定义二叉排序树的结点类型
struct BSTNode;
typedef struct BSTNode *PBinTree;
typedef struct BSTNode *PNode;
struct BSTNode
{
    ElemType data;
    struct BSTNode *left;
    struct BSTNode *right;
};
//函数声明
struct BSTNode *InitBSTree();
int BSTreeEmpty(PBinTree BST);
static int operator_equal(const ElemType *x1, const ElemType *x2);
static int operator_small(const ElemType *x1, const ElemType *x2);
void Insert(PBinTree *BST, const ElemType *item);
int BSTreeEmpty(PBinTree BST);
int Find(PBinTree BST, ElemType *item);
int Update(PBinTree BST, ElemType *item);
void Insert(PBinTree *BST, const ElemType *item);
int Delete(PBinTree BST, const ElemType *item);
void Inorder(PBinTree BST);
int BSTreeDepth(PBinTree BST);
int BSTreeCount(PBinTree BST);
int BSTreeLeafCount(PBinTree BST);
void PrintBSTree(PBinTree BST);
void ClearBSTree(PBinTree BST);
static void PreorderWrite(FILE *fp, PBinTree BST);
int WriteFile(char *fname, PBinTree BST);
static void PreorderRead(FILE *fp, PBinTree *BST, int b);
void ReadFile(char* fname, PBinTree *BST);
//头文件 bst_and_file.h 结束

//进行"二叉排序树和文件操作"的主程序文件 bst_and_file.c 编写
#include"bst_and_file.h"

//0. 初始化二叉排序树，即把树根指针置空
PBinTree InitBSTree( )
{
    return NULL;
}
//1. 两个串比较函数
static int operator_equal(const ElemType *x1, const ElemType *x2)
{//元素相等比较
    return strcmp(x1->num, x2->num)==0;
}
static int operator_small(const ElemType *x1, const ElemType *x2)
{//元素大小比较
    return strcmp(x1->num, x2->num)<0;
}
```

```
//2. 判断二叉排序树是否为空
int BSTreeEmpty(PBinTree BST)
{
    return BST==NULL;
}
//3. 从二叉排序树中查找元素
int Find(PBinTree BST, ElemType *item)
{   if(BST==NULL)
        return 0;
    else
    {   if(operator_equal(item,&BST->data))
        {
          item=&BST->data;
          printf("查找值为: %s %d\n",BST->data.num,BST->data.grade);
          return 1;
        }
        else
        {   if(operator_small(item,&BST->data))     //递归查找左子树
            return Find(BST->left, item);
          else                                      //递归查找右子树
            return Find(BST->right, item);
        }
    }
}
//4. 更新二叉排序树中结点的值
int Update(PBinTree BST, ElemType *item)
{   if(BST==NULL) return 0;
    else if(operator_equal(item,&BST->data))
          {BST->data=*item; return 1;}
    else if(operator_small(item,&BST->data))
          return Update(BST->left, item);
    else      return Update(BST->right, item);
}
//5. 向二叉排序树中插入元素
void Insert(PBinTree *BST, const ElemType *item)
{   PNode p;
    if(*BST==NULL)
    {   p=(PNode)malloc(sizeof(struct BSTNode));
        p->data=*item;
        p->left=p->right=NULL;
        *BST=p;
    }
    else
    {   if(operator_small(item,&(*BST)->data))
            Insert(&(*BST)->left, item);   //向左子树中插入元素
        else
            Insert(&(*BST)->right, item);  //向右子树中插入元素
    }
}
```

```
//6. 从二叉排序树中删除元素
int Delete(PBinTree BST, const ElemType *item)
{//从二叉排序树中查找值为item的待删结点，指针t指向待比较的结点，
 //指针s指向t的双亲结点，从树根结点开始比较
    PBinTree t=BST, s=NULL;
    while(t!=NULL)
    {   if(operator_equal(item,&t->data))      //找到要删除的结点
            break;
        else
         { if(operator_small(item,&t->data)) //在左子树中查找
            {   s=t;
                t=t->left;
            }
            else //在右子树中查找
            {   s=t;
                t=t->right;
            }
         }
     }//endwhile
    if(t==NULL) return 0;  //若没有找到待删除的结点，则返回0
    //分3种不同情况删除已查找到的t结点且保证二叉排序树的有序性不变
    if(t->left==NULL && t->right==NULL)
    {//对t结点（待删除的结点）为叶子结点的情况进行处理
        if(t==BST)
            BST=NULL;
        else
         {  if(t==s->left)
                s->left=NULL;
            else
                s->right=NULL;
         }
        free(t);
    }
    else
    {  if(t->left==NULL || t->right==NULL)
        {//对t结点为单分支结点的情况进行处理
            if(t==BST)
            {   //删除树根结点
                if(t->left==NULL)
                    BST=t->right;
                else
                    BST=t->left;
            }
            else
            { //删除非树根结点时，分4种情况进行处理
                if(t==s->left && t->left!=NULL)
                    s->left=t->left;
                else if(t==s->left && t->right!=NULL)
                    s->left=t->right;
                else if(t==s->right && t->left!=NULL)
                    s->right=t->left;
```

```
                                     else if(t==s->right && t->right!=NULL)
                                         s->right=t->right;
                    }
                    free(t);  //回收 t 结点，即 t 指针所指向的结点
            }
            else
            {    if(t->left!=NULL && t->right!=NULL)
                 {  //对 t 结点为双分支结点的情况进行处理
                    struct BSTNode *p,*q;
                    p=t, q=t->left;
                    //p 初始指向 t 结点，q 初始指向 p 结点的左子树的根结点
                    //查找 t 结点的中序前驱结点，查找结束后 q 结点为 t 结点
                    //的中序前驱结点，p 结点为 q 结点的双亲结点
                    while(q->right!=NULL)
                    {    p=q;
                         q=q->right;
                    }
                    t->data=q->data;      //q 结点的值赋给 t 结点
                    //删除右子树为空的 q 结点，使它的左子树链接到它所在的链接位置
                    if(p==t)
                        t->left=q->left;
                    else
                        p->right=q->left;
                    free(q);              //回收 q 结点
                 }//endif
            }//endelse
    }//endelse
    return 1;     //删除结束后返回 1
}//end Delete
//7. 中序遍历输出二叉排序树中的所有结点
void Inorder(PBinTree BST)
{   if(BST!=NULL)
    {  Inorder(BST->left);
       printf("  %s   %d,",BST->data.num,BST->data.grade);
       Inorder(BST->right);
    }
}
//8. 求二叉排序树的深度
int BSTreeDepth(PBinTree BST)
{   if(BST==NULL) return 0;  //对于空树，返回 0 并结束递归
    else
    {
       int dep1=BSTreeDepth(BST->left);   //计算左子树的深度
       int dep2=BSTreeDepth(BST->right);  //计算右子树的深度
       if(dep1>dep2) return dep1+1;        //返回树的深度
       else return dep2+1;
    }
}
```

```
//9. 求二叉排序树中所有结点数
int BSTreeCount(PBinTree BST)
{   if(BST==NULL)
        return 0;
    else
        return BSTreeCount(BST->left)+BSTreeCount(BST->right)+1;
}
//10. 求二叉排序树中所有叶子结点数
int BSTreeLeafCount(PBinTree BST)
{   if(BST==NULL) return 0;
    else if(BST->left==NULL && BST->right==NULL) return 1;
    else return BSTreeLeafCount(BST->left)+BSTreeLeafCount(BST->right);
}
//11. 以广义表形式输出二叉排序树
void PrintBSTree(PBinTree BST)
{   PNode PN;
    printf("   ");printf("(");              //输出左括号
    if(BST!=NULL)
     { //当二叉树非空时执行如下操作
        PN=BST;
        printf("%s %d",PN->data.num,PN->data.grade);  //输出根结点的值
        if(PN->left!=NULL || PN->right!=NULL)
         {
            printf(",");                     //输出逗号分隔符
            PrintBSTree(PN->left);           //输出左子树
            printf(",");                     //输出逗号分隔符
            PrintBSTree(PN->right);          //输出右子树
         }
     }
    printf(")");                             //输出右括号
}
//12. 清除二叉排序树，使之变为一棵空树
void ClearBSTree(PBinTree BST)
{   if(BST!=NULL)
    { //当二叉树非空时进行如下操作
        ClearBSTree(BST->left);      //删除左子树
        ClearBSTree(BST->right);     //删除右子树
        free(BST);                   //删除根结点
    }
}
//13. 文件操作。按先根遍历次序写入一棵二叉排序树 BST 的递归算法
static void PreorderWrite(FILE *fp, PBinTree BST)
                              //源代码参见：9.2.4 详细设计 2.(1)
//14. 文件操作。把二叉排序树 BST 按先根遍历的次序存储到磁盘文件 fname 中
int WriteFile(char *fname, PBinTree BST)
                              //源代码参见：9.2.4 详细设计 2.(1)
//15. 文件操作。从文件指针 fp 对应的磁盘文件中，按先根遍历次序读出二叉排序树的递归算法
static void PreorderRead(FILE *fp, PBinTree *BST, int b)
                              //源代码参见：9.2.4 详细设计 2.(2)
```

```
//16. 文件操作。把磁盘文件 fname 中按先根遍历存储的二叉排序树恢复到内存中
void ReadFile(char* fname, PBinTree *BST)
                                        //源代码参见：9.2.4 详细设计 2.(2)
//17. 工作区函数，创建操作区用户界面
void mainwork(PBinTree bst)
{ ElemType x;
  int Tag, m, i,n;
  while(1)
  {
    printf("\n      ******  二叉排序树与文件操作主菜单  *******\n");
    printf("      1. 从键盘输入一组学生记录，建立二叉排序树\n");
    printf("      2. 二叉排序树存盘\n");
    printf("      3. 从文件恢复内存的二叉排序树\n");
    printf("      4. 中序遍历二叉排序树\n");
    printf("      5. 求二叉排序树深度\n");
    printf("      6. 求二叉排序树的结点总数及叶结点总数\n");
    printf("      7. 向二叉排序树插入一条学生记录\n");
    printf("      8. 从二叉排序树中删除一条学生记录\n");
    printf("      9. 从二叉排序树中查找一条学生记录\n");
    printf("      10. 以广义表形式输出二叉排序树\n");
    printf("      11. 退出程序\n");
    printf("      *******************************************\n");
    printf("      请输入您的选择(1--11):");
    do
       scanf("%d",&m);
    while(m<1 || m>11);
    switch(m)
    {
      case 1: printf("从键盘输入学生记录的个数：");
              scanf("%d",&n);
              printf("从键盘输入%d 个学生记录(学号 成绩)用空格隔开：\n",n);
              for(i=0;i<n;i++)
              {   scanf("%s%d",&x.num,&x.grade);
                  Insert(&bst,&x);
              }
              printf("二叉排序树已建立成功!\n");
              break;
      case 2: printf("准备按先根遍历存储二叉排序树到文件"student.dat"中\n");
              WriteFile("student.dat",bst);
              ClearBSTree(bst);
              printf("数据文件[student.dat]已建立成功!\n");
              printf("\n 内存二叉排序树已清空!\n");
              break;
      case 3: printf("准备将磁盘文件"student.dat"恢复到内存中\n");
              ReadFile("student.dat",&bst);
              printf("\n 数据文件[student.dat]已读入内存!\n");
              break;
      case 4: Inorder(bst);
              printf("\n\n");
              break;
```

```
        case 5: printf("二叉排序树的深度为: %d\n",BSTreeDepth(bst));
                break;
        case 6: printf("\n 结点总数及叶结点总数分别为: %d 和 %d\n",
                BSTreeCount(bst),BSTreeLeafCount(bst));
                break;
        case 7: printf("从键盘输入一条待插入的学生记录(学号 成绩): \n");
                scanf("%s%d",&x.num,&x.grade);
                Insert(&bst,&x);
                printf("\n 成功插入一条学生记录!\n");
                break;
        case 8: printf("从键盘输入一条待删除的学生记录的学号: ");
                scanf("%s",x.num);
                Tag=Delete(bst,&x);
                if(Tag)
                    printf("\n  删除成功! \n");
                else
                    printf("\n  删除失败! \n");
                break;
        case 9:  printf("从键盘输入一条待查找的学生记录的学号: ");
                scanf("%s",x.num);
                Tag=Find(bst,&x);
                if(Tag)
                    printf("\n  查找成功! \n");
                else
                    printf("\n  查找失败! \n");
                break;
        case 10: printf(" 二叉排序树的广义表表示结果为: \n");
                PrintBSTree(bst);
                break;
        default: ClearBSTree(bst);
                printf(" 程序运行结束,再见! \n");
                return;
    }//end switch
  }//end while
}//end mainwork
//18. 主函数
void main()
{
    PBinTree bst;
    bst=InitBSTree();
    mainwork(bst);
}
```

9.2.7　用户手册

（1）本程序执行文件为"二叉排序树与文件操作.exe"。

（2）进入本系统之后，随即显示系统主菜单运行界面。用户可在该界面下输入各子菜单前对应的数字并按回车键,执行相应子菜单命令。

(3)输入学生记录时,同一个学生的学号及成绩用空格隔开;输入完一个学生的记录后按回车键,再输入下一个学生的记录。

9.3　课程设计题选

9.3.1　外存文件的排序操作

【问题描述】

外存文件排序(简称外排序)是对外存文件中的记录进行排序的过程,排序结果仍然被放到原有的外存文件中。外存文件排序包括磁盘文件和磁带文件排序,本实验只讨论磁盘文件的排序问题。由于外排序一般是大文件的排序,即待排序的记录存储在磁盘上,所以,在排序的过程中需要进行多次的内、外存之间的数据交换。

【基本要求】

在熟练掌握各种内排序的基础上,利用在数组上进行二路归并排序的方法及数据文件的随机读写技术,实现对外存数据文件的二路归并排序。

【测试数据】

自行在磁盘上建立一个具有 n 条记录的文件 myfile.dat。

【实现提示】

在对外存文件的归并排序中,初始归并段的长度常常不是从内存归并排序开始时的 1 开始的,而是从一个确定的长度(如 100)开始的,这样能够有效地减少归并趟数和访问外存的次数,从而提高排序的速度。这要求在对磁盘文件归并排序之前,首先利用一种内排序方法,按照初始归并段确定的长度在原文件上依次建立好每个有序子表,然后再调用对文件的归并排序算法完成整个排序过程。

与内存归并排序的方法类似,在外排序中对磁盘文件归并排序时,同样需要使用一个与原文件大小相同的辅助文件,其作用与内存归并排序时使用的辅助数组相同。假定原文件对应的文件流对象用 A 表示,辅助文件对应的文件流对象用 B 表示,完成外排序需要从以下几个方面考虑:

(1)将 A 中从记录位置为 $s \sim m$ 的有序表和记录位置为 $(m+1) \sim t$ 的有序表归并为 B 中记录位置为 $s \sim t$ 的有序表的二路归并算法;

(2)对文件 A 进行一趟二路归并的算法(是指把文件 A 中每个长度为 len 的有序表两两归并到文件 B 中);

(3)对文件 A 进行二路归并的算法(是指采用归并排序的方法对文件 A 中的、每个有序子表长度为 BlockSize 的记录进行排序)。

9.3.2　索引文件的插入、删除和查找

【问题描述】

假设一个以 ElemType 为记录类型的主文件 MainFile.dat 存于当前工作目录中,它的索引文件 IndexFile.idx 也存于此目录中。索引文件中的每个索引项对应主文件中的一个记录,每个索引项包含两个域:一是索引值域(关键字域 key),用来存储对应记录的关键字;二是记

录位置域（next 域），用来存储对应记录在主文件中的位置编号。若主文件中包含 n 个记录，则位置编号为 $0 \sim n-1$。主文件中记录的排列次序可以是任意的，即可以不按关键字有序排列；而索引文件是按关键字升序排列的有序文件。在这种带有主文件和索引文件的文件系统中，完成索引文件的插入、删除和查找操作。

【基本要求】

（1）按要求建立主文件及对应的索引文件。

（2）实现对主文件的插入、删除和查找的操作。

（3）显示主文件及索引文件的内容。

【测试数据】

假设主文件 MainFile.dat 中记录的类型定义如下：

```
struct ElemType
{
    int key;          //关键字域
    char data[10];    //数据域
}
```

索引文件 IndexFile.idx 中索引项的类型定义如下：

```
struct IndexItem
{
    int key;          //关键字域
    int next;         //位置域
}
```

试自行建立含 n 个记录的主文件 MainFile.dat 及对应的索引文件 IndexFile.idx。

【实现提示】

在带有主文件和索引文件的文件系统中，当查找一条记录时，先查找索引文件得到对应的索引项，然后根据索引项中所含记录的位置再从主文件中读取记录；当向主文件的末尾插入一条记录时，还要把它的索引项插到索引文件中；当删除一条记录时，首先从索引文件中删除对应的索引项，然后把主文件中对应的记录做删除标记即可，例如，将被删记录的关键字域置为特定值等。由此可知，针对这种文件系统，操作时间主要花费在索引文件上。对索引文件的操作主要从以下 3 个方面考虑：

（1）如何向索引文件插入一条记录的索引项；

（2）如何从文件中删除一条记录的索引项；

（3）在索引文件中如何查找一条记录的索引项（可以考虑二分查找法）。

索引文件是有序文件，对索引文件的插入、删除操作应保证操作后仍保持索引文件的有序性。对有序文件通常按二进制方式进行存取操作，每次存取一个逻辑数据块。一个逻辑数据块可以包含一条或多条记录。一个逻辑数据块通常小于或等于外存上的一个物理数据块，而一个物理数据块的大小通常为 1 KB～2 KB，它是进行一次外存访问操作的信息交换单位。当从有序文件中顺序查找一条记录的位置时，不是将每个记录的关键字与给定的 key 值进行比较，而是将每个逻辑数据块中最大的关键字（该块中最后一个记录的 key，假设记为 maxkey）与之比较：若给定的 key 值大于 maxkey，则继续访问下一个数据块并与其最大的关键字进行比较，直至给定的 key 值小于或等于 maxkey，则该记录的位置必落在本块中或该记录不存在。

第 10 章　应用程序主界面设计

应用程序的界面是与用户交流最直接的渠道。应用程序的界面设计应该遵循以下原则：使用方便、布局合理、颜色和谐、界面文字简洁规范。常见的应用程序界面有字符型界面和窗体型界面。因为本书所有应用程序的主界面设计都是字符型的，因此本章主要介绍字符型界面的基本特点和设计方法。

10.1　本章知识要点

10.1.1　窗体型界面

随着计算机软件的快速发展，个人计算机（PC）的功能越来越强大。我们使用的绝大多数应用软件的主界面都是窗体型的。一般来说，窗体型界面设计需要直接调用控件来实现，而很多程序开发工具（如 Visual.C++、Visual.C#、Jbuilder等）都有强大的窗体设计功能。因此，窗体型界面清晰美观、图文并茂、用户使用方便灵活，并且大大减轻了程序员的工作量，成为目前程序窗口设计的主流选择。

10.1.2　字符型界面

字符型界面，顾名思义，用户只能通过键盘符号与计算机交流。这种风格的界面通常用于一些传统的面向过程的程序设计，通过用户选择输入程序窗口的提示字符，控制程序流，以决定程序下一步的操作。

字符型界面对计算机与终端设备之间的传输速率要求不高，因为传送的只是字符及字符位置的信息。所以，用户在通过传统的电话线等低速传输信道，远程连接到对方计算机系统的情况下，这种界面非常有用。字符型界面效率较高，但它的用户界面缺乏友好性。

10.2　字符型界面的设计与实现

10.2.1　界面背景颜色设置

界面背景颜色设置需要调用 system(color)函数，并且包含头文件 stdlib.h。例如，要设置背景颜色为蓝色底、亮白色字的模式，调用格式为

```
system("color 1f");
```

其中,颜色属性由两个十六进制数指定,第 1 个为背景色,第 2 个为前景色。函数 system("color 1f")中，1 代表背景为蓝色，f 代表前景字体色为亮白色。表 10-1 是前景色或背景色取值对照表，颜色的取值有 16 种，从 0 到 F（字母大小写不做区分）。

表 10-1　前景色或背景色取值对照表

0	1	2	3	4	5	6	7
黑色	蓝色	绿色	湖蓝色	红色	紫色	黄色	白色
8	9	A	B	C	D	E	F
灰色	淡蓝色	淡绿色	淡浅绿色	淡红色	淡紫色	淡黄色	亮白色

10.2.2　界面背景大小设置

界面背景大小设置需要调用 system(mode con)函数，并且包含头文件 stdlib.h。例如，要设置背景大小——长为 35 行，宽为 78 列的矩形，调用格式为

```
system("mode con: cols=78 lines=35");
```

读者可以根据具体需要自行调整行和列的值。

10.2.3　字符菜单设计实例一

假设程序界面的主菜单内容如下：

```
1. Red
2. Green
3. Blue
4. Yellow
5. Orange
6. Goodbye!
Please Input choose（1-6）:
```

设计要求是：使用数字 1~6 来选择菜单项。当选择相应选项时，界面分别输出 Red、Green、Blue、Yellow、Orange。输入数字 6 时，直接退出应用程序。

例如，在主界面输入 1 并按回车键，程序输出 Red，如下所示：

```
1. Red
2. Green
3. Blue
4. Yellow
5. Orange
6. Goodbye!
Please Input choose（1-6）: 1
Red
```

当输入 6 并按回车键时，直接退出程序。

实现以上菜单功能，可以使用循环结构和 switch 语句来实现。

假设用变量 c 来存储用户输入的选择，要实现上述菜单功能，程序代码如下。其中循环结构保证主菜单始终出现在界面上，switch 语句用来实现功能的选择。

```
#include <stdio.h>
#include <stdlib.h>
void main()
{
```

```
char c;
system("color 1f");                              //设置界面为亮白字蓝底
system("mode con: cols=78 lines=35");    //设置界面大小
do                               //循环结构保证主菜单始终出现在界面上
{    system("cls");
     printf("\t 1. Red\n");
     printf("\t 2. Green\n");
     printf("\t 3. Blue\n");
     printf("\t 4. Yellow\n");
     printf("\t 5. Orange\n");
     printf("\t 6. Boodbye!\n");
     printf("Please  Input  choose (1-6): ");
     scanf("%s",&c);
     switch(c)                        //实现菜单功能的选择
     {    case '1':  printf("Red\n");     system("pause");  break;
          case '2':  printf("Green\n");   system("pause");  break;
          case '3':  printf("Blue\n");    system("pause");  break;
          case '4':  printf("Yellow\n");  system("pause");  break;
          case '5':  printf("Orange\n");  system("pause");  break;
          case '6':  printf("Goodbye!\n"); exit(0);
          default:   printf("Error,please input again!\n"); break;
     }
}while(c!='6');
}
```

在实际应用中,switch 语句中 case 语句后面对应的功能选择一般是由具体的函数实现的。可以将上述 switch 语句进行修改,添加 5 个功能函数 Red、Green、Blue、Yellow 和 Orange 的调用,它们分别实现了改变界面背景为对应颜色的功能,代码如下:

```
void Red()
{   printf("Red\n"); system("pause");
    system("color 4f");
}
void Blue()
{   printf("Blue\n"); system("pause");
    system("color 9f");
}
void Green()
{   printf("Green\n"); system("pause");
    system("color 2f");
}
void Yellow()
{   printf("Yellow\n"); ystem("pause");
    system("color 6f");
}
void Orange()
{   printf("Orange\n"); system("pause");
    system("color Ef");
}
```

修改后的 switch 语句如下：

```
switch(c)
{   case '1':   Red();      break;
    case '2':   Green();    break;
    case '3':   Blue();     break;
    case '4':   Yellow();   break;
    case '5':   Orange();   break;
    case '6':   printf("Goodbye!\n"); exit(0);
    default:    printf("Error,please input again!\n"); break;
}
```

测试运行界面如图 10-1 所示。

输入数字 1 并按回车键，运行结果如图 10-2 所示。

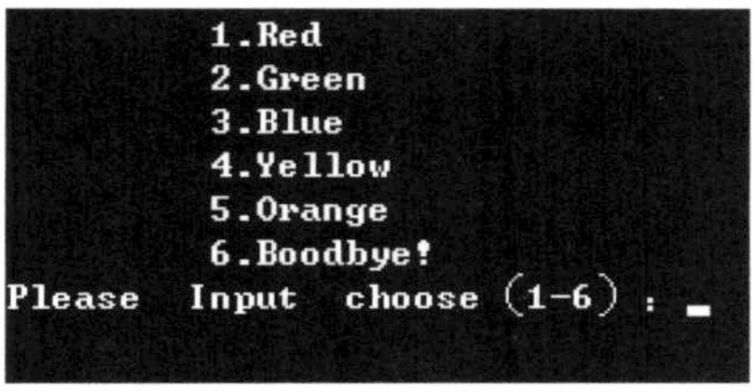

图 10-1　运行界面

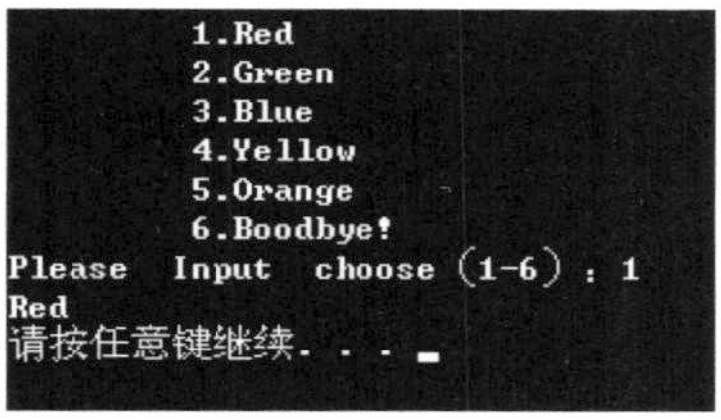

图 10-2　输入选择 1 后的界面

输入数字 2 并按回车键，运行结果如图 10-3 所示。

输入数字 3 并按回车键，运行结果如图 10-4 所示。

图 10-3　输入选择 2 后的界面

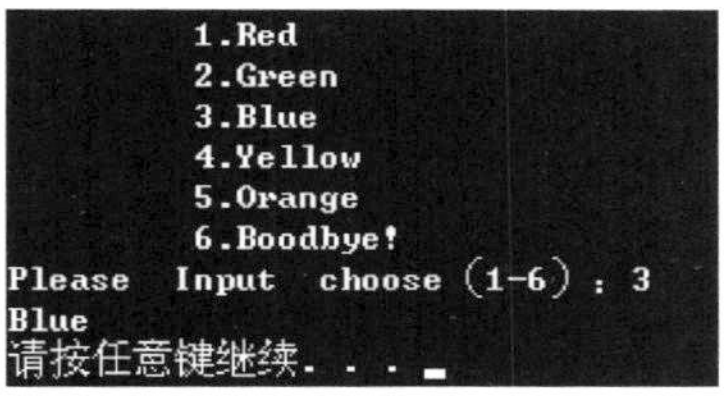

图 10-4　输入选择 3 后的界面

输入数字 4 并按回车键，运行结果如图 10-5 所示。

输入数字 5 并按回车键，运行结果如图 10-6 所示。

图 10-5　输入选择 4 后的界面

图 10-6　输入选择 5 后的界面

输入数字 6 并按回车键，退出应用程序。

10.2.4　字符菜单设计实例二

如果应用程序功能强大，有若干层次结构，那么需要设计子菜单。以 10.2.3 节主菜单设计中的功能选择 1.Red 为例，设计 Red 的子菜单（或下一级菜单）。

假设 Red 子菜单有以下 4 个功能选择：

```
1.  Red apple
2.  Red tomato
3.  Red cherry
4.  return mainmenu
```

在 Red 子菜单下选择 1 并按回车键时，会在程序界面输出"I like it!"；选择 2 并按回车键时，会在程序界面输出"I like it very much!"；选择 3 并按回车键时，会在程序界面输出"I don't like it !"；选择 4 并按回车键时，会返回程序主界面菜单。

要实现以上功能，可以在 10.2.3 节 main 函数代码的基础上，修改 Red 函数，并添加 Redapple、Redtomato 和 Redcherry 3 个函数。修改后的 Red 函数代码如下：

```c
void Red()
{
    char c;
    system("cls");
    while(1)
    {
        printf("\t\t Red submenu \n");
        printf("\t\t 1. Red apple \n");
        printf("\t\t 2. Red tomato \n");
        printf("\t\t 3. Red cherry \n");
        printf("\t\t 4. return mainmenu \n");
        printf("please input your choose:");
        scanf("%s",&c);
        switch(c)
        {
            case'1':  Redapple();  break;
            case'2':  Redtomato();  break;
            case'3':  Redcherry ();  break;
            case'4':  return;
        }
    }
}
```

添加的 3 个函数代码如下：

```c
void Redapple()
{   system("cls");
    printf("I like it!\n");
}
void Redtomato()
{   system("cls");
    printf("I like it very much!\n");
}
```

```
void Redcherry()
{   system("cls");
    printf("I don't like it!\n");
}
```

修改完成后的测试结果如下，程序运行界面如图 10-7 所示。

在图 10-7 的界面下输入 1 并按回车键，运行结果如图 10-8 所示。

图 10-7　运行界面

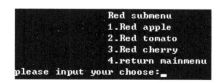
图 10-8　Red 子菜单界面

在如图 10-8 所示的 Red 子菜单界面下，用户可选择 1、2、3、4 功能。输入 1 并按回车键，运行结果如图 10-9 所示。

在如图 10-8 所示的 Red 子菜单界面下，输入 2 并按回车键，运行结果如图 10-10 所示。

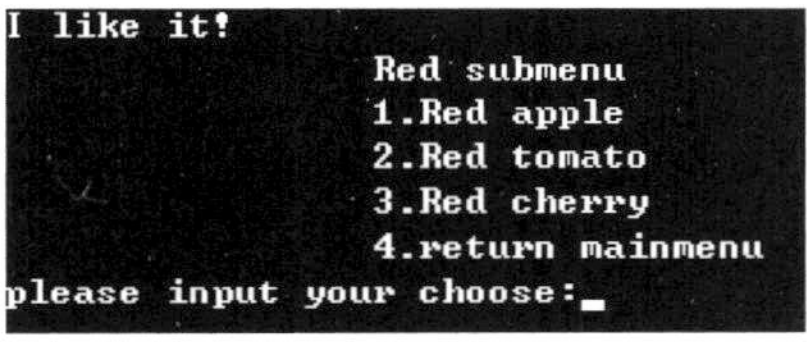

图 10-9　Red 子菜单 1 的运行界面　　　　　图 10-10　Red 子菜单 2 的运行界面

在如图 10-8 所示的 Red 子菜单界面下，输入 3 并按回车键，运行结果如图 10-11 所示。

图 10-11　Red 子菜单 3 的运行界面

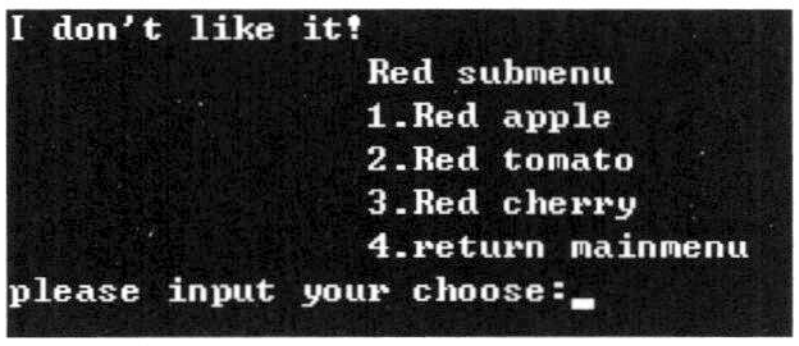

在如图 10-8 所示的 Red 子菜单界面下，输入 4 并按回车键，返回上一级主菜单，如图 10-7 所示。

10.3　字符型界面设计总结

要设计美观实用的字符型界面，应该掌握以下 4 个方面的内容：

（1）界面颜色的设置方法。

（2）界面大小的设置方法。

（3）界面排版的设置方法。例如，格式符\t 的使用等。

（4）循环结构和 switch 语句的用法。

参 考 文 献

[1] 严蔚敏，吴伟民. 数据结构（C 语言版）[M]. 北京：清华大学出版社，1997.

[2] 黄国瑜，叶乃菁. 数据结构（C 语言版）[M]. 北京：清华大学出版社，2001.

[3] 许卓群，张乃孝，等. 数据结构[M]. 北京：高等教育出版社，1987.

[4] 薛超英. 数据结构（第 2 版）[M]. 武汉：华中科技大学出版社，2002.

[5] 高一凡. 数据结构算法实现及解析[M]. 西安：西安电子科技大学出版社，2002.

[6] 胡元义. 数据结构（C 语言）实践教程[M]. 西安：西安电子科技大学出版社，2002.

[7] 蒋盛益. 数据结构学习指导与训练[M]. 武汉：中国水利水电出版社，2003.

[8] 李春葆. 数据结构习题与解析[M]. 北京：清华大学出版社，2004.

[9] 耿国华. 数据结构 C 语言描述[M]. 北京：高等教育出版社，2005.

[10] 徐孝凯. 数据结构实用教程（C/C++描述）[M]. 北京：清华大学出版社，1999.

[11] 徐孝凯. 数据结构课程实验[M]. 北京：清华大学出版社，2002.

[12] 严蔚敏，吴伟民. 数据结构题集（C 语言版）[M]. 北京：清华大学出版社，1999.

[13] 苏仕华. 数据结构课程设计[M]. 北京：机械工业出版社，2006.

[14] 阮宏一. 数据结构（C/C++描述）[M]. 北京：中国水利水电出版社，2007.

[15] 阮宏一. 数据结构实践指导教程（C 语言版）[M]. 武汉：华中科技大学出版社，2004.

[16] 薛超英. 数据结构学习指导与题集[M]. 武汉：华中科技大学出版社，2002.

[17] 钱能. C++程序设计教程[M]. 北京：清华大学出版社，1999.

[18] Decoder. C/C++程序设计[M]. 北京：中国铁道出版社，2003.

[19] 白帆. C 语言开发实例详解[M]. 北京：电子工业出版社，1999.

[20] 苏小红. C 语言大学实用教程[M]. 北京：电子工业出版社，2009.

[21] 苏小红. C 语言大学实用教程学习指导[M]. 北京：电子工业出版社，2009.

[22] 尹彦芝. C 语言常用算法与子程序[M]. 北京：清华大学出版社，1991.

[23] 江秀汉. C 语言实用程序荟萃[M]. 西安：西安电子科技大学出版社，1992.

[24] 谭浩强. C 程序设计[M]. 北京：清华大学出版社，2001.

[25] 裘岚. C 语言程序设计实用教程.[M] 北京：电子工业出版社，2001.

[26] 汪诗林. 数据结构算法与应用[M]. 北京：机械工业出版社，2000.

[27] 裘宗燕. 程序设计实践[M]. 北京：机械工业出版社，2000.

[28] 阮宏一，等. 数据结构课程设计（C/C++描述）[M]. 北京：电子工业出版社，2011.

[29] 阮宏一，等. 数据结构课程设计——C 语言描述（第 2 版）[M]. 北京：电子工业出版社，2016.